形态的限度

卢纯福　朱意灏　著

中国建筑工业出版社

图书在版编目（CIP）数据

形态的限度 / 卢纯福，朱意灏著. —北京：中国建筑工业出版社，2016.4

ISBN 978-7-112-19260-1

Ⅰ．①形… Ⅱ．①卢… ②朱… Ⅲ．①产品设计－研究 Ⅳ.① TB472

中国版本图书馆 CIP 数据核字（2016）第 059059 号

责任编辑：张幼平 费海玲 焦 阳

责任校对：陈晶晶 姜小莲

形态的限度

卢纯福 朱意灏 著

*

中国建筑工业出版社出版、发行（北京西郊百万庄）

各地新华书店、建筑书店经销

北京方舟正佳图文设计有限公司制版

北京云浩印刷有限责任公司印刷

*

开本：787×960 毫米 1/16 印张：17½ 字数：260 千字

2016 年 6 月第一版 2016 年 6 月第一次印刷

定价：50.00 元

ISBN 978-7-112-19260-1

(28527)

PREFACE

前言

　　形态是产品与人交互的首要界面。对于产品设计而言，形态的塑造始终是个重要的"面子"问题。形态设计的涉及面颇广，既有审美层面上形式法则的应用，又有生产层面上材料工艺的限制，更有用户层面上的体验交互；形态设计既可能取材抽象于自然，也可能因民族地域的文化影响而变形，更可能基于用户体验而提炼。种种情感与理智之影响，不一而足。

　　在日常工作中，也接触了不少项目，所涉及的产品种类从交通工具到家居用品，在设计研发产品这方面，倒也有一些小小的收获。而在教学过程中，结合实际的研发项目去看待学生朋友们的设计作品时，有一点蛮有感触，那就是：形态的训练颇为重要，这主要是指产品落地为前提的形态设计。许多有闪光点的构思与设想，在转变为表现效果或实物模型时，或显得过于粗糙，或过于科幻，这类脱离实际和没有说服力的形态出现，是因为没有真实的材料、结构与工艺结合进去。如果群体性地只着迷于创新点的无限快速喷涌，痴狂于概念，对于如何落地却不够重视的话，我总觉得还是会过于偏颇。与衣着光鲜、口才傲人、随时随地寻找投资人来给自己的设想加以包装与"金"装的互联网时代冲锋者相比，那些低调的、朴实地围绕着材料与工艺数十年如一日、精心研究的沉潜者，我们也不能忘记。在群体喧嚣、疯狂迷恋网络力量的现代，扎实的制造者更不能失去话语权。

　　工业设计是门复杂的交叉学科，学问很深，涉及面很广。但无论应用的是何种技术、材料、理念，最后呈现的是硬件、软件、实体还是虚体，形态终究是与人发生关系的终极载体形式。形式法则就是某种规律的体现，而这种规律，可以让形态体现出秩序性。秩序性的形态可以让人容易把握住规律。同样，如果你写策划、做申报书、制作报表，其实你都是在做"整理"的工作。整理是为了让思路有秩序，让逻辑更清晰，这也是形态设计的目的，即整理各类点、线、面、体的视觉要素，整理包含功能、使用、尺寸比例、材料、工艺、结构等在内的设计要素，整理包含人文、地域、民族等在内的情感要素，并最终整合成产品形态。所以，单纯从形而上的角度出发，我们可以设计出无限种可能的形态，但如果结合上述的视觉、设计与情感要素，也就是各类限制因素的话，我们最终选择的形态自然是有限的。这就像是先放再收的一个过程。形态设计，需要收放自如。

所以，这就是本书的重点：形态设计可以趋向于无限，也会因各类制约因素而受限。针对形态的视觉构成因子进行"雏形"设计，进而结合色与质来进行包含有丰富语意的形态设计。随后，基于产品的实际需求，由形、色、质的综合构成上升到产品形态设计，学习产品形态的各类限制因素，归纳和梳理功能、使用、材料、工艺、比例等因素对于产品形态的影响，最终塑造出能够传递感性信息与理性信息的形态。所谓感性信息，即通常可以被人们用诸如"美妙"、"漂亮"、"简约"、"精致"等各类形容词来描述的形态特征。所谓理性信息，即产品形态本身可以传递出的功能指示、使用方法与流程等与人机交互相关的形态特征。

本书的构成框架，也正如上面所说，从形态的概念和特点开始，到可以无限发散的形态设计要点，再到形态受制于各类限制因素之后的选择方式，是为形态的"限度"。这本书如果能对各位设计师有所启发，起到抛砖引玉的作用的话，当是作者最大的收获。鉴于学识有限，书中不妥之处，还望指正。

卢纯福

2015 年 8 月于杭州

CONTENTS
目录

PART 1
形态解析

1-01 总述｜SUMMARIZE

　　乘上拥挤的公交车，没有座位，只能抓住扶手，这是日常生活中司空见惯的场景。在公交车晃荡前行的无聊时间里，你会去注意扶手的样子吗？

　　当把扶手的底部制作成手表的样式，当你拉住扶手，如图 1-01 所示，手腕上突然多出一块"手表"之后，你会觉得生活原本应该就是这么无厘头吗？

忙碌的生活轻易让我们走入循规蹈矩的桎梏。而渗入人们"想当然"的生活细节中的形态设计，或许会让你在压力面前莞尔一笑。设计并不时刻追求翻天覆地的革命性颠覆，但设计可以令我们的生活更加轻松有趣，恰如春雨润物无声。

那么，还可以设计出什么样形态的扶手呢？当手与扶手互动时，我们可以联想到许多有趣的场景。将这些联想注入扶手的形态设计之中，

图 1-01　公交车扶手的基本形态与有趣的创意形态之对比

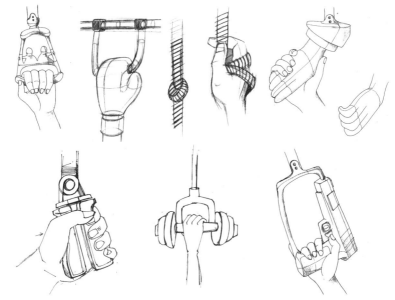

图 1-02　扶手形态设计及其情境联想

图 1-03　形态各有千秋、风格大相径庭的各类灯具产品

更会产生有趣的"使用情境"。

　　如图 1-02，只是变换一下形态，一个中规中矩的产品，就变成了一款"治愈良品"。无论何种形态的扶手，其功能与使用的本质是一致的，但是其形态背后所反映的生活态度，却大相径庭。换句话说，"形"的千般相貌可以决定产品的万般风情，而所谓的风情，就是产品所传递出的"态"，也就是产品形态背后所蕴含的设计点传递出的。如果说"形"是表象，那么"态"就是本质。正如生物因优胜劣汰的规律而演变成现时的模样，这个世界上没有无缘无故的"样子"，在"样子"的背后，总有着因适应而变得合理的发展历程。

　　这个世界变化如此之快，生活中司空见惯的物品，也有着数以千万计的不同样貌。当如图 1-03 中所示的那么多灯具摆在你面前时，你会选择哪几款？你会将这盏灯放在什么地方？你会考虑这盏灯应该和怎样的家装风格匹配？又或者你只是单纯的喜欢，拥有便是一切？

　　当然，设计的力量，并非只是像"公交车扶手事件"中，所体现的通过形态变换而使使用情境产生趣味。功能一致的产品，所衍生出的具备差异性的形态，也往往会体现出有差异的操作细节。如图 1-04 所示，三款用来下料的厨用擦菜器，三者的工作原理完全相同，但其形态却有着较大的区别，这与如下两点有关：一是手持部位之考量，二是备料储存空间之设置。理解了这两点与工作状态相关的细节，也就理解了形态有差异的主要原因。所以，在这个范例中，用来擦丝、擦条的机能面的形态基本一致，代表着功能的本质不变；而细节形态的差异性，则很可能代表着具体操作方式的

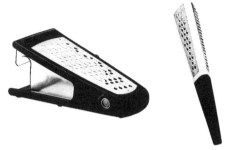

图 1-04　相同功能与使用方法的三种形态有差异的擦菜器

图 1-05　将工作与休闲需求融于一身的 Telephone Seat

不同。换句话说，设计可以被视为是针对同一个问题所提供的不同的解决方式。没有哪种解决方式一定是错的，最终的解决方式是基于用户体验、生产条件和运营成本等客观条件而浮现的多项选择。

　　同样，当我们基于个人的需求，想要定制一些符合自身使用习惯与生活习性的产品时，我们可以将不同功能指向的产品结合在一起，形成有趣的"新"形态。如图 1-05 所示，我们可以看到一个相貌略微有点奇怪的东西。这是一种叫"Telephone Seat"的产品，由椅子和边几结合衍生而来。Telephone Seat 在 20 世纪的欧洲国家比较流行，形态令人倍觉温馨。之所以会产生温馨感，是因为它将生活中休闲舒适的一面，以集成"功能件"的方式自然地呈现了出来。慢生活，似乎就是这类产品形态所传递出的意味。

　　由此，我们可以发现，无论"形"如何转换，形态的变化总有其理由。这理由或来源于审美观感，或来源于具体功能，或来源于使用方式，或来源于人们的生活需求，不一而足。合适、合理、合情的产品形态，是形态无限发散之后，受制于各种限制因素而开始收拢，经过几轮淘汰之后，才作出的最终选择。

　　许慎《说文解字》中说道：形，象也；态，意也。形态就是表象。这外在的相貌，经由人为的抽象，可以规范为若干种几何元素，例如点、直线和曲线、平面和曲面、直棱体和曲面体等。这些抽象几何元素，不仅从视觉上对世间万物之形作了归纳，同时也结合心理学，提取了形式上的共同点，梳理出带有不同意境、给人以不同心理感受的深层蕴意。

　　由此可见，形、色、质的自由组合，可以衍生出穷无尽的物质形态，传递并反馈给人们千变万化的心理感触。"形"是抽象了纯粹数理规律之后的外在表现之载体，而"态"是"形"之所以存在的依据，同时还赋予"形"以更丰富的情感与生命力。

　　世间万物的形态层出不穷，包罗万象，但都可以通过形态分析的方法，将其逐步抽象化，抽丝剥茧之后，归纳成最原始的几何体或若干种几何体的加减组合之形式，并进一步从中发现各类物体去芜存真之后的最本质"雏形"。以抽象几何形态为基础，以集聚了造型经验而衍生的形式法则为参照范式，针对形态的视觉构成因子进行"雏形"设计，来归纳可能形成的各种视觉特色不同的形态种类。也就是说，我们可以暂时将产品功能、使用等设计因素隐蔽之，而开展单纯的多样化的形态设计游戏。随后，还可以结合色与质来进行丰富语意的形态设计，并基于产品实际需求，上升到完整的产品形态设计，结合色彩配置与质感设定来丰富产品形态涵义，并由此抵达形态的风格化与系列化之彼岸。

　　如此说来，所谓无限的形态设计，其实就意味着做一种"形而上"的发散思维之运动，换句话说，以审美、风格等感性因素作为形态设计的主要定位策略。无论是直棱体还是曲面体，都可以解析为各类最原始的抽象几何元素，我们称之为"构成因子"。构成因子可以基于某种或几种形式法则，进行任意组合与拆分，衍生出具备不同风格与各类情感的，或具备系列化、关联性特点的形态。通过形态构成因子的各种组合搭配，可以创造出不计其数的形态面貌。

但现实生活中的产品，终究不是我们可以随心所欲像捏橡皮泥般造就的。在经由加减搭配所诞生的无限的形态中，我们还需要结合各类设计要素，如材料、工艺、结构等构思点，来作出有限的几种选择，并经过几轮周折，选择其中一种作为最终合情合理的产品形态。这就是先"放"后"收"的一个认知过程。因为技术的超强发展与信息化时代的渐入佳境，明知可以创造无限的形态，却必须从用户与企业两个角度综合考量，来作出取舍，留下最合适的答案。

1-02 象形字 | PICTOGRAPH

风吹草低见牛羊。

内蒙古地区草原广阔，横亘着绵延数千里的阴山。在阴山山脉西段，遍布着世界上历史最悠久、内容最丰富的岩画，真实地记录了自旧石器时代以来的游牧民族生产与生活的历史。这些雕凿或绘制在岩石上的图像，画风古朴粗犷，从中可以窥探到极富艺术气息的抽象手法。图1-06中的五虎图，就是阴山岩画的代表作。图中五虎或坐或卧，仅用线条来表现轮廓、纹理与各异姿势，形神兼备。

图 1-06　阴山岩画中最为知名的代表作品《五虎图》

　　远古以来，生命便遵循着物竞天择的规律自然演变。人们会在不断观察、模仿与学习的过程中，积累经验，学会去分析"形"成立的理由与演变动机，进而掌握"形"的规律，抽取"形"极简之后的本质，慢慢以可视化的方式"设计"出原本并不存在于自然界之中的抽象几何元素，如正方形与圆形。

　　在没有文字的时候，图形是最为直观、形象的交互方式。如果针对这些图像再作进一步的抽象概括，抽象之后的视觉形态会是什么样子呢？

　　从某种角度来看，汉字就可以视为针对形态分析与抽象之后的符号成果，是经过设计而成的某种符号"形态"。在某些汉字的象形结构中可以感受含义，并推理出其字形的来龙去脉。事实上，汉字之所以成为现在的这种"形态"，究其根源，很可能是以某种形式法则的设计手法抽象化所形成。

　　瑞典学者林西莉（Cecilia Lindqvist）在其编著的《汉字王国》一书中说道："对我来说，寻求汉字被创造时的外观和实物来进行解释是很自然的。在考古材料中，人们常常看到一些形象，它们与最初的汉字形态表达了对于现实的相同的认识。"这里的客观形象，我们将在下面几个汉字的"形态"

分析中一窥究竟。当然，象形文字本身就来自于图画文字，是最原始的造字方法。跟随刀耕火种的年代一路向前进化，文字具象的图画性质开始减弱，其象形性质逐步增强，抽象程度与日俱增。

太阳和月亮在中国古代即被写为"日"与"月"。日、月这两个字的甲骨文，可以在骨头的残片上找到。而商周时期的青铜器表面所出现的铭文中，日、月的字形如表1—01中所示。这些文字比甲骨文更形象，甚至成为纹理、作为装饰的一部分展现在后来各朝代的器皿表面。在文字的造型中，我们可以看到太阳和月亮最重要的轮廓线被保留，并用点和线来代表日月的核心。

同样，我们可以在其他的象形字中找到形态抽象的手法。在表1—02中，针对其他象形字所作的形态说明，我们依然可以寻找到图像转化为最终文字期间的某种"形象片段"。

表1—01

	日	月
甲骨文	⊙ ⊖ ⊟	) D))
金文	○ ⊙ ⊖	D D
形态		

由以上的汉字及其对应象形字的分析可以知悉，象形字的出现，在某种程度上而言，是人类有意识地对于无论是物的形态，还是事的归纳进行抽象的结果。无论后期汉字演变的规律与简化的方式有多么曲折反复，由象形至表意的变化有多么激烈，其起源都脱离不了对于形态的分析与抽象。

表 1—02

现代简化字	甲骨文	金文	说明
人			人在站立时，手下垂或轻轻举到前面。在绝大多数情况下，竖直的身体是主要视觉特色
从			一个人跟着另外一个人，行走或站立，构成了从字最初的语义
夹			三个人，中间可能是一个大人，双臂平伸略往下倾斜，夹住两个以侧视图出现的小人
立			一个人双腿略微岔开，平稳地站在地上。底部的一条横线很可能代表着地面
目			在一些铜器的兽类假面上，经常看到类似"目"字的纹理。撷取眼睛的轮廓特色，将其图像化
水	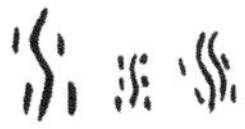		黄河的水才是水，其他的湖水海水都不是水。水有河道、漩涡和河岸，这三部分很可能是古人看河流道时所感受到的
山			很多山经过抽象之后，看起来都像左图所示的造型。山峰的屹立可以借代为汉字里陡峭的竖直笔触
田	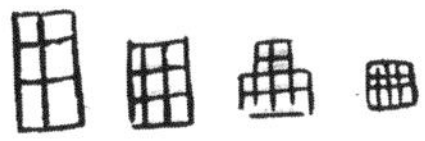		田野由纵横的田埂作为分界线分开，农夫可以走在埂上面。甲骨文的"田"字，可以被分为四块、六块或九块不等
鱼		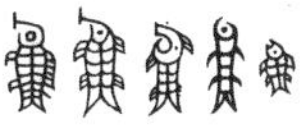	古代的"鱼"字，拥有丰硕的鱼身和翅、鳍与眼睛。现代的"鱼"字基本保留了头部、骨架和尾鳍的变形轮廓线
牛	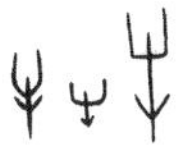		古人在祭祀时吃牛肉，并供奉祖先。祭祀用青铜器上常装饰有牛的抽象造型。到后期，弓形角被折断，但高鼻梁和耳朵的平行线被保留

　　在一定意义上，象形字与产品设计中的"仿生设计"有着异曲同工之妙。这是因为，大部分的书写文字都来源于图画文字。抽象之后的图画，

会慢慢演变成为标准的象征符号，从对事物的具象描绘，发展成为象征性的、抽象的字符系统。

　　埃及的象形文字起源于距今 5000 多年前，在 1819 年得以破解。有趣的是，第一个被破解的词语是"克娄巴特拉"——埃及艳后的威名率先得以彰显。玛雅的象形文字则起源于公元前 3 世纪左右，这种文字多见于圆柱雕刻中。而美洲印第安人与亚洲民族颇为相像，他们的绘画文字是由类似于阴山岩画般的岩石艺术发展而来，图腾柱上的绘画文字，主要由手印、动物以及抽象几何图形构成。如图 1-07 所示，我们可以通过图像的"形"，来揣测其背后的字符蕴意。同样，如图 1-08 所示，我们可以看到这些文字，就像书本一样，以石为纸，以刀为笔，精心书就而留存千年。值得一提的是，这些刻有字符的石板排列有序，看上去像是应用了各种视觉设计的对齐方式，版面表现简洁有序。从这个角度而言，抽象的进程伴随着设计意识的萌芽与发展，形式法则中关于对齐的秩序性应用的痕迹展露无遗。

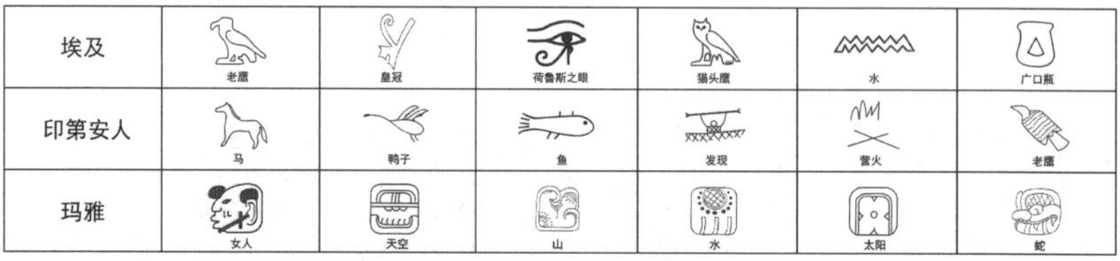

埃及	老鹰	皇冠	荷鲁斯之眼	猫头鹰	水	广口瓶
印第安人	马	鸭子	鱼	发现	营火	老鹰
玛雅	女人	天空	山	水	太阳	蛇

图 1-07　古埃及、美洲印第安人与玛雅文化的象形字

图 1-08　岩石上的埃及（左图）与玛雅象形文字（右图）

　　象形字的出现，代表着虚拟信息可视化的进程开始迈入正轨。人类在生存过程中所接触到的任何物事，无论是个人信息交流、屠戮作战规划、休憩场地建造等活动，都开始进入有序、有理的系统性设计环节，而非仅凭着冲动临时性地进行"编译"式的抽象工作。这种有意识的规划统筹之后，再进行制作的过程，岂非正是一种设计的实现？

　　来看一个有趣的设计方案。如图 1-09 所示，作为一款滑板车产品，要匹配某品牌的动画片及其动画主角形象来作联袂设计。国内设计师李愚先生的构思，是在其形态设计上，融入对动画片名中某一文字的拆解，将文字作为思路的来源来设计滑板车形态。这似乎在某种程度上，完成了与"由形态到字符"顺序相反的"由字符到形态"的逆袭，别有一番风味。

　　从文字发展的角度来看形态设计有积极的意义。其实文字符号背后的象征功能，也就是产品造型（"形"）背后所蕴藏的意义（"态"）之内涵。所谓拟形，是指用模拟客观事物形象的方式，来传递事物存在的意义。而这也就是象形字诞生的方式，也是最为有效的可视化信息传递方式。即使从来没有学过文字语言，当你看到客观具象的图像形状时，也能够推断出其大致的含义。但是如果再进一步将文字符号抽象简化，往更高层面的

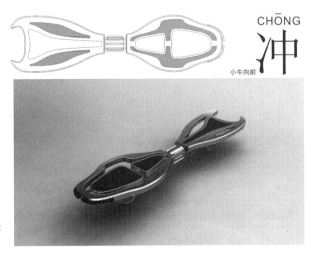

图 1-09　融入"冲"字
的滑板车形态设计

"写意"去靠拢，那么文字造型的蕴意将更为隐晦，甚至会逐步剥去文字对象的可识读性，就好比人与产品之间，用户需要仔细阅读使用说明之后，方能学会操作方式，而非仅凭产品形态瞬间掌握使用方法。

从甲骨文开始，汉字已经有三千年的历史了。中国汉字、埃及象形文字与美索不达米亚楔形文字是古代三大文字。作为抽象之后的具备象征性能的表意文字，汉字是三大古代文字中唯一数千年沿用至今的语言符号。渗透在我们生命中的汉字，当得起艺术这两个字。

如果说文字的出现，是为了应对人与人之间的交流之用，那么人与物之间的交流，也需要用某种语言来进行交互。这种语言，需要具备辨识性、可视化与情感化的特征，在很多情况下，是通过包含形、色、质等视觉要素来传递其符号蕴意的，我们称之为形态设计。

1-03 字有真情在
CHARACTERS

　　国内首屈一指的字体设计工作室"造字工房"，自 2009 年以来，一共发布了二十余种汉字字体。算下来，年均设计字体 4 种左右，可谓"字字珠玑"。自创立以来，造字工房时常都要处理侵权案例。字体当然需要购买版权，每一种字体，都需一笔一画勾勒推敲，不仅需要投入感情来创作，对创作出的字体更有着自身独有的感情，岂可轻易被别人挪用？

图 1-10   宋体字体的文字及其起止位置的衬线

　　文字有着自己固定的原形。在原形的基础上，同样也可以针对文字之形来作设计，对每一字，按照某种视觉规律进行精心安排，使其附有除了理性之外的感性色彩。

　　如果将汉字拆解开来，我们会发现，其组成要素也是从横与竖、点与线、直与曲等抽象视觉元素发端而来。在书写汉字时，不同形状的书法体，可以塑造出截然相反的风格与韵味。而同样的文字，用细的笔触与粗的笔触来写，所传递的视觉效果与心理感受也大相径庭，或厚重质朴，或纤细悠扬。所谓同一文字，自可写就千般风情。

　　在东方语系字体中，宋体与黑体是沿用最为久远的两种字体。

　　宋体起源于明朝隆庆、万历年间，其形态特点在于：横线比较细，竖线比较粗，而在笔画的末端，会出现带有装饰意味的细节形状，类似于西方语系字体中的"衬线体"（serif）的起止细节，有着类似尖端收尾的"终止符"，如图 1-10 所示。

　　与黑体相比，宋体笔触竖粗横细、收尾带有装饰的形态特色，蕴含着一定的书法意味，具备更为强烈的古典传统质感。

　　黑体是指竖线与横线宽度一致的字体，如图 1-11 所示。通常情况下，印刷刊物时，正文段落都会使用宋体。而为了强调标题，使其更为醒目，黑体便重装上阵，以其强健粗壮之体魄，凸显点睛之笔墨。与宋体相比，黑体取消了线宽的粗细对比，简化或完全删减了起止处的装饰细节。看上去，黑体的形态显得更为机械理性，情感收敛颇多，冷峻而硬直。

　　现在，我们再来看看西方语系的字体形态。在西方语系字体中，衬线

图 1-11　与宋体相比更为理性质朴的黑体文字

图 1-12　支架衬线体、发丝型衬线体和板状衬线体

体与非衬线体是两种主要的字体风格。

　　所谓衬线体，从文字字形上看，指的是起始与终止位置处，都有装饰细节，类似爪形的形状。从形态的功能意义角度看，衬线体因为起止处装饰细节的加入，显得可识别性更强，它强调了每个字母笔画的开始和结束，因此十分易读。

　　日本平面设计师伊达千代将衬线体归纳为三种类型：支架衬线体、发丝型衬线体和板状衬线体，如图 1-12 所示。

　　支架衬线体是指给笔画增加一个"底座"。笔画与"底座"之间的连接处，辅以倒圆角之后的弧线作为衬线装饰，看上去就像是矩形之间的圆形倒角。由于增加了与地面的接触面积，从心理角度而言，此举也增强了衬线体字母的稳定性。

　　发丝型衬线体是指给笔画增加了一条细线，看上去像是矩形之间直接刚接而成，由于竖粗横细，粗细对比就是其形态特色，传递出平整清晰的韵味。

　　板状衬线体则是指粗厚的四角形状衬线，具有强健有力的粗壮效果。由于笔画与作为衬线的线条横竖等宽，形成机械感十足的风格。

　　这三种细节的形态，很容易让人联想起产品形态，尤其是产品与桌面、地面接触部分的细节设计。支架衬线体就像是在两个矩形体（笔画与"底座"）之间的过渡，给刚正不阿的形体之间注入带有缓冲气氛作用的柔性细节；而发丝型与板状衬线体，则秉承抛弃装饰、耿直刚接的粗粝个性。这三种笔触与衬线之间的形状对比，很像是生活中随处可见的产品置地方式。如图 1-13 所示，从三盏台灯的底座侧面造型来看，其不同的风格与上述三种衬线体不谋而合。

无衬线体（Sans-serif）是指在西方语系中，不带有衬线的字体。与衬线体相反，无衬线体通常是线条横竖等宽和机械的，它们往往拥有相同的笔触宽度，刚直的线条和锐利的转角，如图 1-14 所示。

从形态比较来看，由于起止处增加的衬线装饰，衬线体很像汉语中的宋体；而横竖等宽、不带细节装饰的视觉特点，则使得无衬线体类似汉语

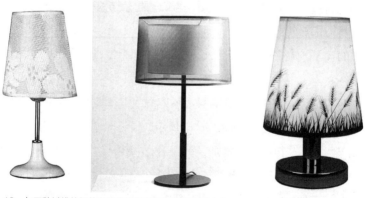

图 1-13　与三种衬线体细节有同类视觉效果的三种灯具底座

HEART

图 1-14　横竖等宽与机械感十足的无衬线体

中的黑体。宋体与衬线体转折纤细，层次有致；而黑体与无衬线体则粗粝刚直，强而有力。前者可以成为适于阅读的传统字体，而后者则常见于广告标题等需要吸引注意力、夺人眼目的地方。所以，针对字体的细节形态进行分析，我们可以得出粗细有致、于转折处见温润与直来直往、于转折处见方角两种特点，并由此联想到纤细张扬与孔武有力两种精神情感。同样，许多其他的变种字体也有着各自的性格，可以表现出温暖、冷漠、未来感、科技感、亲和力、复古气质、杀伤力等各种感情色彩。

再回到造字工房。2014 年 12 月，造字工房推出了品宋体。品宋体最初源于民国时期的手绘宋体广告字形，有着浓郁的怀旧气息。其字形瘦长润泽，骨架纤细，笔画虬结有力，是在原有衬线体基础上的个性化发展，如图 1-15 所示。造字工房的品宋体在形态风格上更加雅致，却于转折处张牙舞爪，轻盈纤细之骨架下，锋芒毕露。

如图 1-16 所示，笔者撷取了几幅民国时期的视觉作品，包括海报招贴、报纸新闻、刊物封面等。我们可以发现，那时候的设计，在字体所传递的情感，以及字体设计与图像内容之间的风格匹配，处处可见端倪，字字有真情。所以，形态的调整，即使是字体的设计，也会裹挟着包罗万象的情感特质，有无限发散的可能。

现在，让我们将目光转向产品。

一款产品总要经过各种渠道进入消费者眼中。除了产品本身的形态与

图 1-15　在宋体基础上加以个性装饰的造字工房品宋体

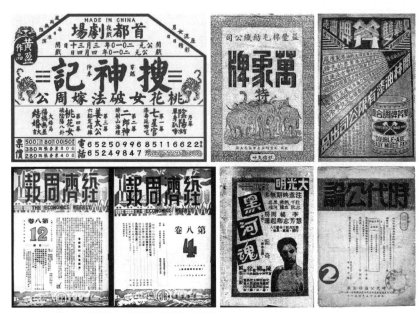

图 1-16　带有不同情感走向的民国时期的字体设计

图 1-17　简单现代的品牌字体设计

功能之外，也需要开展同步的产品推广与品牌营销行为。这就好比设计专业的学生做好了命题，用简练的图文说明，来诠释产品的卖点与优势。

　　设计推广产品的物料道具时，字体风格、文本版式等视觉要素，都要和产品，甚至品牌形象相匹配。这就需要认真考量产品的卖点与优势及其形态特色，将这些特质凝练以便准确传递给用户。

　　现代产品多以抽象几何元素为基础，通过加减、过渡与混搭塑造而成，通常都会摒弃繁冗复杂的形态。相应的，黑体与无衬线体是属于没有装饰的简约字体，更具备现代感，如图 1-17 所示。而衬线体则带有较为强烈的

图 1-18　以衬线体为代表的婉约流线的品牌字体设计

图 1-19　具备科技感的品牌字体设计

图 1-20　童趣可爱的品牌字体设计

装饰性，字母转角处过渡柔和温润，流线型的手写复古气质，可以搭配精致婉约的产品气质，时常用于女性用品的字体设计之中，如图 1-18 所示。

　　除了这两种常见的字体之外，你是否还考虑过：科技感十足的产品形态或充满童趣而卡哇伊的产品形态，是否可以设计出特别的字体形态，来丰富产品或品牌相应的独特个性呢？两种与产品个性有机相嵌的风格化字体，分别如图 1-19、图 1-20 所示。将字母进行有序整齐的直线切割，与电脑或电子产品理性、现代的高科技感不谋而合。而将字体转折处辅以倒角、整体造型圆润化与气泡化，再加上明度较高的鲜艳色配置，则常见于儿童产品的包装推广中。

　　与设计产品不同风格的形态相似，在针对字体设计的时候，除了应用已有的字体外，也可以利用各种人工或电脑的技术手段，对字体进行形、色、质的综合考量与设计，将二维文字视为图形对象进行有趣的形态"再造"，这就是所谓文字的"风格化"。如图 1-21 所示，这六张海报的主题内容，是"反对语言暴力"。基于青少年暴力行为在中国呈现上升趋势，许多人认为青少年犯罪与童年时期遭受语言暴力有着或多或少的关联。因此，奥美与沈阳艺术家谢勇先生联手制作了这套系列海报，将语言的暴力程度与枪械的杀伤力结合传递出"暴力循环"的理念。海报里的文字构件与相应武器之间具备视觉上的依存关系，是因为其制作过程，如图 1-22 所示，是将武器拆卸下来之后，进行文字笔画重构。与之前的范例不同，这里的文字纯粹是产品构件再造而成，而非源自于字体本身的设计再现。

　　论字体风格的话，远远不止上面罗列出来的这几种。况且同样的一款字体，依然可以适用多种不同风格。这就好比同样的室内装修范式，很可能属于欧式风格，同时在置换部分软装、改变部分家具之后，又变成了美式田园风格。如何使用一款合适的字体，来将产品气质准确有效地传递给用户，这也正是形态设计的工作范畴。

　　当我们把目光从具体的产品名称的字体设计中跳脱出来，着眼于更高的品牌塑造层面，就会意识到，整个企业的品牌理念可视化，也需要和产品规划相符合。品类聚焦，同样也包含严格统一的形象定位。要想让品牌及其形象深深地走入消费者心智，以产品为核心的物质载体、以服务为核心的用户交互载体，以及包括 Logo、标准字、VI 应用系统等在内的视觉形象为核心的非物质载体，都需要有统一的可视化 DNA。但这并非意味着简单的造型风格、色彩配置、用材等要素的死板统一，而是指这些视觉要素背后理念的一致性。日本当红的设计师佐藤大所主持的 Nendo 工作室，每件设计作品，都传递出共通的信条，即：让生活更有趣一点。如图 1-23 所示，从左到右，分别是以"开裂"为主题设计的系列家具，做成颜料棒一样的巧克力，像折纸作品般由直线和平面构成的鼠标，以及顶部带有各色

图 1-21　反语言暴力主题的系列海报设计

图 1-22　字体设计过程源自于对器械构件拆卸之后的重构

图 1-23　佐藤大 Nendo 工作室旗下的产品设计

樱花造型的筷子。无论是产品的设计理念、构思过程的手绘草图、推广文案中的视觉形象，都散发着不刻板、俏皮有趣的小清新之风。

佐藤大的 Nendo 工作室所带给我们的启示就是：字体的情感、产品的蕴意、形态的风格、文案的个性，这些要素共同构成了一个完整的设计系统，投射在每一个禀性各异但都有着"设计就是生命"之觉悟的团体之中。

产品莫不如是。文字是交互信息，人用眼睛去观看，用脑去解析。产品是交互界面，人用手去操作，用眼去接受反馈，用脑去匹配操作经验。

1-04 形态 | MORPHOLOGY

　　田中一光是日本卓有成就的平面设计家。他把现代设计观念糅合到日本传统艺术中，作品优雅而素净，富有浓郁的表现主义色彩。他以脸作为表现对象的作品《日本舞蹈》，如图 1-24 所示，画面格局均以方块等分，传递出严谨的有序性。代表眼睛的两个半圆向下旋转，产生了表情。而双眼与下方由两个圆构成的点绛唇，都是以最简单的圆形作为对象本质来表现。

　　艺术批评家也不免喟叹："长久地凝视这张脸，仿佛真能聆听到佳人的莺莺细语。"这幅作品以抽象的手法，淋漓尽致地将日本独有的文化元素，刻画得栩栩如生。形态简化抽象之后，对象的特征变得更具神韵，这比写实的艺术表现方式更耐人寻味。

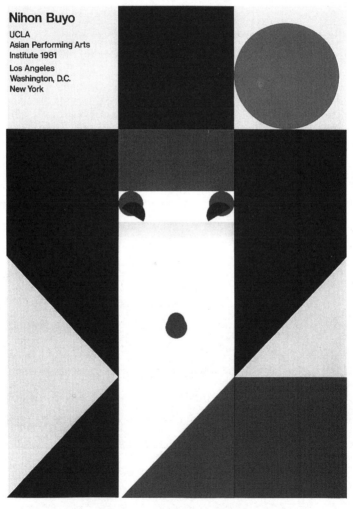

图 1-24　由中一光应用抽象手法进行设计的代表性视觉作品

| 抽象 |

图 1-25　彩陶装饰纹样上与鱼有关的抽象造型

　　从阴山岩画与象形字的范例，到田中一光的海报作品，我们正式开始讨论关于抽象的话题。抽象是一种保留本质、删减表象的艺术手法，每分每秒都出现在我们生活中的各个层面。

　　再举一个有趣的例子。如图 1-25 所示，我们可以视之为彩陶装饰纹样中关于鱼的抽象造型的一个小发展史。从左到右，从上到下，由写实到抽象，几何化的造型形式感越来越浓郁。这抽象出来的简约的造型自身就说明了它的价值，它看上去就像一个抽象程度的渐进，人类才智的创造性尽现于其中。

　　抽象，就是从众多对象中抽取其共同的本质特征，同时舍弃非本质的特征。苹果、香蕉、生梨、葡萄、桃子等，它们共同的特性就是"水果"。得出水果这一概念的过程，就是一个逐步合并同类项的抽象过程。抽象必须以比较为前提。共同的本质特征，就是能使本类事物与其他类事物形成差异的特征。与此同时，抽象并非一味的简化，否则可能造成对象形态本质特征不突出，或根本不能被识别，反而引起读者的误解。

　　从象形字的分析中可以得知，甲骨文或金文的字形，是通过对某种特定的描摹对象进行抽象之后的成果。所保留下的视觉特征，是提取自对象最本质的特色。这也是在观察的基础上，进行的艺术化处理。人类发展至今，涌现出许多优秀的抽象或具象作品。具象作品更近乎针对事物的"还原再现"过程，而抽象作品则可以理解为寻找规律及凝练最本质形态的过程。

　　要注意的是，古人并没有那么"形而上"，有时候他们观察对象形态，并非只是因为审美上的认同感，反而是基于其形态所带来的各种功能性语意，包括如何利用网的构造快速捕食、利用色彩与纹理来隐匿于环境等。这与马斯洛需求金字塔的理念趋同，先解决生存问题，再解决生活问题。审"美"只是在满足了审"功"基础上的后一步动作。

　　许多产品的形态都借鉴了自然界各种生物的原型，在这些产品的形态中，我们都可以看到抽象手法的应用，生物的三维形态时常被抽象成为点、线、面、体为单体的单元体集合构成，如图1-26所示，图中针对章鱼形态作了点、线、面等几何元素的抽象，图1-27中的各类形态，则是将抽象后的元素应用于各类可能的产品形态的构思设计中。其实许多产品尤其是工艺品，对于被借鉴对象的形态还原是非常赤裸直观的。而抽象程度越

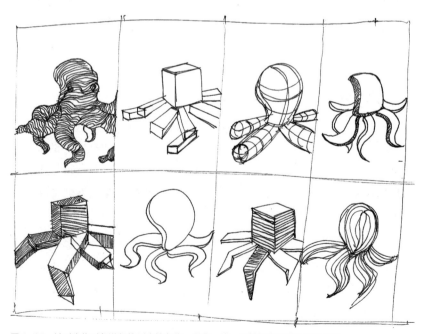

图1-26　针对生物对象进行的形态抽象化，以点、线、面等视觉要素为表现方式

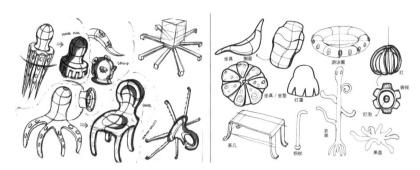

图 1-27　生物对象被抽象为点、线、面等视觉要素，并作为可能的产品形态思路来源

高，被借鉴对象的本质视觉特征就越隐晦，特征在产品中的显露就越内敛，虽然不那么容易察觉，但更传神。

　　所以，抽象的结果便是将本质的"态"，以简约的方式表现出来。而在进行产品形态设计时，我们或者将点、线、面等元素作为"备料"来"烹制"最后的形态，或者重新提取某种对象的抽象元素进行重组。而无论是何种设计方法，抽象化的元素整理，都将是形态设计的第一步。

| 自然形态 |

　　自然形态，是指在自然法则下所形成的各种可视或可触摸的形态，是未经人为加工的形象，是自然界中天然形成的客观物质，包括各种生物与非生物。自然形态不随人的意志改变而改变，通常被分为有机形态与无机形态两种。

　　有机形态是指具有生长机能的形态，可以从中梳理出许多具备某种秩序性的形式法则，且多存在于动植物身上。动植物的生长，不断孕育与表现着圆润、饱满、柔和的动态力量，还有其弧线和曲面的蜿蜒动荡，均象征着旺盛的生命力。而无机形态则是指相对静止，不具备生长机能的形态。无机形态相对具备不规则形的视觉特点，有一定的随机性。自然界中的山川河流，依气候地理而变化不懈，构成典型的不规则无机形态，相对静止，经年累月以极缓的速度蠕动发展。

　　自然界具备系统性、复杂性和无穷多样性。它所包含的动植物形态包罗万象，千变万化。其中每一种都具备一定的形态视觉特征，我们可以借助人类丰富的想象力，给其赋予特定的拟人化情感。所有人工产品的塑造，其形态都是从对自然界的观察和模拟开始。水蓄积在地面的坑洼里，雏鸟刚出生时所居住的鸟窝等，能被我们观察学习到的情境，都使得容器的产生有了原始的雏形。包裹式的容器形态，逐步又发散到针对不同容纳物的不同容器形态中，例如蓄水的水桶、装食物的盆罐、装酒的酒袋等，不一而足。在中国古代，已经有着许多运用仿生手法的产品形态设计。

　　对于自然界生物形态的观察，主要有两种角度。

　　第一种，是从发展的历史角度去观察。自然界的动植物都有着从生至死、不断发展的变化过程。哺乳类动物初生时的萌态十足，青壮年时日益壮硕的体量感与茁壮的成长感，再到成熟时的骨架完整、色泽饱满，最后到晚年时的年老色衰，这些环节中，无论整体与细节形态，还是形态的色彩与质感，都有着先进阶后衰退的规律性变化。这种变化，是基于时间而产生的，我们可以称之为纵向的形态变化过程。如图1-28所示，植物从萌芽、发展、成熟直至衰败，也拥有着同样的基于年龄的形态变化。

图1-28　植物的不同生长阶段所呈现的不同形态特色

动植物形态的丰富性不止体现在纵向的变化过程中。我们随意抽取其发展过程中的任意一个关键帧，并对其形态进行分析，可以发现有另外的两种途径：

①经过解剖或拆分后，动植物可以出现不同的视觉表现，呈现新的形态特色。例如毛豆、豌豆、莲藕、橘子、香蕉、火龙果、猕猴桃等，将其表皮从主体剥离出来或者将其主体剖切之后，其形态、色彩、质感与之前有所不同，甚至是焕然一新的视觉特色，如图 1-29 所示。

②借助显微镜等技术手段的辅助，我们可以察觉到肉眼难以察觉到的、更为细腻的形态特征，尤其是内部组织和体表纹理，通常都具备更为复杂的秩序性，如图 1-30 所示，从上往下，依次是火焰草、黄芩和波斯合欢树花在显微镜下所观看到的组织结构图，具备更为精密复杂的构成形态。

这两种观察生物对象特征的方法，我们可以称为横向的形态比较过程。

由此可知，任何生物的形态都具备多样性，有微观与宏观的形态比较，有解剖或分解前后的形态比较，也有不同发展时期的形态比较。但并非每一种形态都能传递出这种生物的标识性形态特色。所谓标识性形态特色，是经由人工抽象归纳之后，最能体现生物形象的形态特征。例如兔子的长耳朵和

图 1-29　经由解剖之后，呈现出不同形态细节的水果

图 1-30　在显微镜下，植物所呈现出的不同形态

兔唇、章鱼的触角及触角上的吸盘、蜈蚣的千足等。

　　无论是纵向的形态变化还是横向的形态比较，这些对动植物形态的观察，都是基于静态下的视觉规律提炼。事实上，动植物除了"形"的丰富性值得我们借鉴之外，同样具备与人类一样丰富的表情和动作，这就从"形"的静态层面上升发展到"态"的动态层面，并以此衍生出更为丰富的形态语意。譬如"虎背熊腰"是形容静态下的动物特征的词汇，而"虎步龙行"、"虎踞鲸吞"、"虎视眈眈"和"狼吞虎咽"等动词，则是传递动物动态特征的形容词。静态的视觉特征容易提取与应用在形态设计中，而动态的视觉特征则需要经过更为精准的图形抽象来传递相应的语意。"静"易传递，"动"难撷取。在针对生物动态形体的产品模拟与演化设计中，我们需要对生物对象进行空间、时间和形态等多层面的比较与分析，记录不同时间点的代表性的姿势、动态与美感特征，将生物的动态图形抽象与凝练，整理出相应的"资料库"，以匹配产品设计的功能、使用和形态。

| 人工形态 |

　　与自然形态相对的，就是人工形态。人工形态是指人类有意识地针对视觉要素的形式进行改良或创造，所抽象出来的形态。如建筑物、汽车、轮船、桌椅、服装及雕塑等，这些都是设计的范畴。其中建筑、汽车、轮船等主要是从实用功能来设计形态，而雕塑则是一种将形态本身作为欣赏对象的纯艺术形态。这就使人工形态根据其使用目的的不同，而有了不同的要求。

　　人工形态可以随时随地记录下它所处的特定历史时期和地理环境中，某个区域或某个民族的文化、历史等各种信息，在一定程度上，它代表着人类文明的发展，是文明的表现载体。

　　万物都可以抽象出其"形"与"态"，再将万物之形态归纳，抽象出最简约的几何元素与形式法则，这是进行产品形态设计的先决基础。产品的形态，源于功能、使用、材料、机构，其最后的呈现目的，从"态"上而言，是为了解决若干以人为中心的问题。

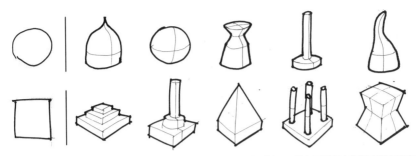

图 1-31　同样的一个形状，可以有不同走向的形态衍生出来

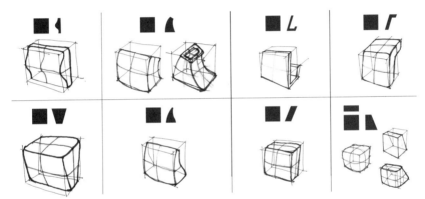

图 1-32　正视图与不同侧视图的组合所带来的差异性形态

　　需要强调的是，形态是一个系统的概念，而形状则相对专注于二维平面中轮廓线的线条走向。所以，同样一个圆或者正方形的二维形状，可以衍生出无数种可能的三维形态。从图 1-31 中可以看到，最左边是圆形与矩形，右边这么多的三维形态，从底部往上看，都能看到圆或正方形的轮廓线。这就等于是机械制图过程中，如图 1-32 所示，两个对象的前视图轮廓线一致，侧视或顶视图轮廓线不同，最终导致两个三维形态的差异。

| 形态 |

　　在肤色、身高、人种等因素差异之外，人的"形"是有其共性的。轮廓线、

构成器官、生长方式等要素的相似性，使得人之"形"决定了其生物属性与视觉特征。那么，人的"态"又是如何基于"形"而异于"形"、出于"形"而高于"形"的呢？

人可以做许多动作，从动作的"形式"差异性来看，不同的"形式"很有可能带来不同的"动态"。人的五官虽然一致，但是不同的表情可以显露不同的心情，这就是从相同的"形"出发而导致的不同的"心态"，如图 1-33 所示。每个人的不同生长阶段，都充斥着尺度、比例、颜色与质感的微妙区别，每一个生长阶段的形态，都可以找出对应的形容词来表现不同的"状态"，如图 1-34 所示。

尺度、颜色、质感、表情与动作的组合，可以构成人的千变万化的"态势"。由此可知，在基本"形"一致的前提下，借由细节的轮廓形式之变化，包括位置、方向和颜色等因素的变动，可以塑造出不同的"态"。流于表面之"形"，出于内心之"态"。"态"生于"形"，而造成"形"之千面。"形"易感知，"态"需抽象思维才能把握。

如果以产品为范例来分析"形"与"态"之差别，比较常见的是以形态的风格作为区分的关键词。如图 1-35 所示，我们可以看到有的闹钟青春洋溢、可爱生动，有的闹钟肃穆端庄、不苟言笑，有的闹钟简约雅致、内敛精致。这些感性的形容词都是闹钟的不同风格、造型给人的心理感受，这也是由"形"至"态"的心理对应结果。不同风格的塑造可以借助不同因素的设计考量来完成，如材料选用、色彩配置、质感搭配和造型借用等方式。

所谓风格，泛指事物的特色，常以某种艺术形式来展现传播。但不同的风格间并非完全可以区隔开。形态可以同时具备若干种风格，不同的视觉特质可以叠加在同一个对象载体中。事物的特质不会永远只有一面，所以风格是讲相对概率，而非绝对的泾渭分明。

产品形态作为传递产品信息的第一要素，它能使产品内在的组织、结构、内涵等本质因素上升为外在的表象因素，并通过视觉而使人产生一种生理和心理的判断。产品形态是信息的载体，设计师通常利用特有的造型语言

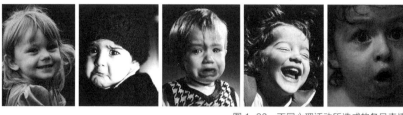

图 1-33　不同心理活动所造成的各异表情

图 1-34　不同生长阶段所带来的形态、颜色、质感等视觉要素的变化

图 1-35　形态风格各异的闹钟产品

进行构思，向外界传达设计的思想和理念，在很大程度上，这种思想和理念就构成了风格。消费者在选购产品时，也是通过产品形态所表达出的某种信息来判断和衡量这种产品是否与其内心所希望的一致，并最终作出是否购买的决定。

综上所述，产品形态的价值多体现在它对非物质信息的传递上。从产品形态的组成成分上来看，它包括物质和非物质两个方面。产品形态的物质成分主要包括产品的造型、材料、色彩、质感等；产品的非物质成分指的是产品形态所传达的各种信息，以及这些信息带给消费者的体验，包括产品的技术信息、产品给人的心理感受、产品中的社会文化价值信息，如审美愉悦、时尚雅致、个性化、趣味性等方面。产品形态的技术信息传递实现着产品内外部环境的沟通，达到人机交互的目的；而产品传达的价值信息则传播着产品的社会文化意义。在形态设计中，我们需要把握各种设计符号，用正确的设计语言与用户交互，使产品成为一个有机的整体。因此，产品的非物质属性借由物质属性来传达，"态"由"形"生，这就是形态存在的基本意义。

1-05 发展 | DEVELOP

原研哉（Kenyahara）在《欲望的教育——美意识创造未来》一书中，讲到石器时代人们对于石材的加工时，说道："对于刚学会直立行走的人类来说，石头是一种产生决定性作用的媒介，让他们认识到如何通过手来加工物品。石头的坚实度与重量以及恰到好处的加工适用性，使其成为极佳素材，引导因能够直立行走而变得自由的人开始手工创作。石头的坚硬程度与重量使人们产生了破坏、切断物品的热情，而它的良好手感又唤醒了人们通过使用道具获得的满足感。"

　　显而易见，人类在初步探究自然物的时候，会通过触摸而获得对物理特性的感知，开始思索制作工艺。无论是试探性地用石头互相刮、敲、砸、磨，还是用石头针对土、树等其他自然物进行由表及里的破坏，适用于特定目的的特定材料，来做特定工艺的探索之路，已然开启。

　　换句话说，人类最初的形态意识和美感并不是与生俱来的，而是在劳动过程中、在创制和使用工具的过程中产生和发展的。这些劳动，无一例外都是为了自身的需求，尤以"活下来"和"活得更好"为信念而产生的。

　　也正因此，人类早期的形态意识就是在自身的进化过程当中，通过生产实践逐步产生和形成的。在旧石器时代早期，石器的造型方法十分原始，仅作简单敲打，初步打成什么样子就是什么样子。这个阶段人类的形态意识和对造型的把握处于萌芽状态，同时由于生产环境的局限和生产工具的低效，造型能力非常之弱。随着时间的推移和石器造型技术的不断提高，人类对形态有了新的功能和审美要求。虽然当时还谈不上有自觉的形态意识，但确实已在观念中绘就了对石器具体形状性能的蓝图，并在千万遍反复实践中，对于在具体制作过程中建立起来的诸如"尖"或者"薄"等形状概念，以及在实施具体砍砸动作时，由这些形体所产生的使用快感之间，建立起两者之间成正比的概念认知。由此，形成了人类开始产生美的认识的客观物质基础。笔者始终认为，美不是因为一样事物看久了才产生的认知，能起到效用的事物才会让人有酣畅淋漓的愉悦感。

　　在打制石器的"减法"造型过程当中，人类的祖先逐渐形成了一定的造型观念，对形的认识能力和造型能力不断地进步与发展，使得石器工具的形体不断向着更合规律性也更有效用的方向发展，并逐步演变到能够进行制造陶器的"加法"造型，这体现和反映了人类独有的造型能力，是对形的认识和构想。

　　更重要的是，制作石器由初期的单纯制作，一定会发展到后来所出现的"做到更好用"与"做到更好看"等需求。这些需求进而开始出现精神层面上的追崇。追究人类历史上陆续出现的材料及其工艺，几乎都遵循着这类模式，即由满足物质需求，发展到满足物质与精神的双重需求。这也是"实用"与"好看"这一对词汇之所以出现对比意境的原因。

王琥主编的《中国传统器具设计研究》一书中将设计的发展按制作方式分为原始加工、手工化加工和机械化加工三类。原始人利用石头间的碰砸所产生的刃口，发展成为可以砍、削、刺的工具，此时属于原始加工阶段，尚未形成真正的设计思维。当人类发现通过磨、转等手段可以制作出较为精美的器物时，亦即"粗调变成微调"的情况出现之后，人类则由粗石器时代逐渐跨入细石器时代，这也是手工化阶段的开始。加工材料、工具与手段的不断丰富，促进制作方式的发展，开始步入机械化加工阶段，人类的设计意识最终树立起来。在设计的发展过程中，形态也经历了由简至繁再入简的视觉特征变化过程，以及由单纯追求物质功能到关注用户需求，再到人与环境兼具的设计思路变化过程。并且，设计思路是一直处于变化过程而永无停歇的。

以中国古代的冷兵器发展为范例，借由兵器类器具不同阶段的形态解读，我们可以看到人工物形态发展的有趣而微妙的动因。

在旧石器时代，打制石器以粗厚笨重、器类简单、一器多用、自然形态为特点，代表的兵器有石刮刀、石锤、尖嘴石凿和石箭镞等，如图1-36所示。这些器具的出现，都是以生产为主要目的。

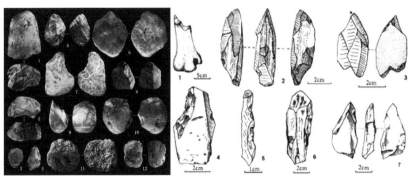

图1-36　旧石器时代的代表石器形态

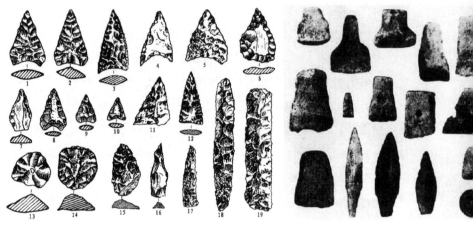

图 1-37　新石器时代的代表石器形态

　　而到了新石器时代，人们发现器物之间的摩擦、刮削，可以随着时间增长与磨砺次数增多而提升石器形态的可塑性，逐渐发展到可以熟练地掌握磨制石器的技能，能琢磨成锋利并且棱角分明的石质工具，同时也提高了用石质工具加工木器、骨器的技术，为制造兵器奠定了更多可行性工艺方面的基础。当时由生产工具转化成的兵器主要有石刀、石箭镞、石矛、石斧、石锛、石戚、石钺、石锤和石戈等种类繁多的器具，如图 1-37 所示。而对于领地与利益的攫取，使得那时候的人类，将原本射向禽兽的箭镞，开始转向人类自己，成为上古时期同胞们自相残杀的武器。

　　而到了夏代，人们发现玉的硬度要高于石头，更适合作为武器。由此，玉质兵器开始盛行。但同时，因为人的社会性与阶级性意识开始形成，玉所研制的器具，也开始作为颇具身份地位的礼仪类器具或陪葬品使用。因此，玉制兵器因其晶莹剔透、精美绝伦之故，附加值比石器增多，且存世不多。玉制兵器的主要品种包括玉钺，如图 1-38 所示。玉钺的形态来源于石斧。良渚文化时期，出现了玉质的有孔斧，形态宽大扁平，制作规整，磨制精美，锋刃薄而锐利。傅宪国先生在《试论中国新石器时代的石钺》一文中细致深入地分析斧类器物，并认为这类有孔的石斧应定名为"钺"，不再是生产工具，而是代表军事权力的礼器。

发展到商代，烽火连天，战争随时随地爆发。在这一阶段，兵器开始成为攸关生死的"产品"，对新兴材质的运用（尝试用红铜和铜锡合金）又发展到一个新的阶段，兵器的使用价值比祭祀要更为重要与敏感，这是华夏文明进入青铜时代的重要标志。

从商代开始，部分青铜器器物上的纹饰与刀刻越来越精美繁复，青铜制品成为祭祀用具以及身份的象征。而随着青铜铸造技术的发展，器物的形态也变得更加丰富。最知名的青铜器，当属收藏于中国国家博物馆内的商朝晚期的四羊方尊。四羊方尊是中国现存商代青铜方尊中最大的一件祭祀用品，高圈足，颈部高耸，四边上装饰有蕉叶纹、三角夔纹和兽面纹。尊的中部是整个形态的重心，尊的四角各有一羊，肩部四角则设置有 4 个卷角羊头，羊头与羊颈伸出于器外，羊身与羊腿附着于尊的腹部及圈足上。整个器物形态繁复，装饰精致，以浇铸工艺铸就，鬼斧神工，被史学界称为"臻

图 1-38 玉制器物的代表产品：玉钺

图 1-39 青铜制造的礼器：四羊方尊

于极致的青铜典范"。

再到后来，冷兵器基于各类需求而开始进入纷繁芜杂的发展阶段。这些需求可以以各种问题的形式展现，诸如：如何一招致命？如何在战场上发挥最大效用？如何与官阶相匹配以彰显个人的社会地位？这就是产品设计的需求。

总而言之，对于自然事物的模仿、抽象、借鉴与制作，就是人类创造性的体现。人类开始制造和使用石器的时候，便已经是在按照头脑中自觉不自觉的"设计意识"在进行创造，换言之，这就是有目的的形态设计。这种创造意识，一直延续到今天。现今信息产品的设计，实则与当初捞起一块石头开始打磨削尖本质相通。

可见，对合理形态的追求与制作，必须依赖合适的材料及其加工工艺方能落地。在形态观塑造的起步阶段，生产者想的都是如何做出"有用"的器具。当器具发生作用的时候，形态就定格在那个片段，即使要对其进行再设计，也是奔着"更加有用"的方向发展。

从形态意识的发生和发展中可以看出形态观实质上是生产者的一种设计思想，这种思想受时代技术、文化背景的变化影响而更新或倒退。如果把设计定义为一种造物活动，那么设计者的形态观正是在这种造物活动的生产实践中，以技术发展为主线，逐步积累起来的，同时在生产实践中不断创新发展。即使那个年代没有所谓的"设计师"这一职业，我们也无法否认设计来自民间。换句话说，人人都可以是设计师，因为设计与其他专职事务并无不同，都需要策划与落实。

师法自然是形态意识的最初萌芽，在早期文明中人类仅能取用自然界的材料——木材和石材。从埃及金字塔的造型和堆砌方式中，我们可以看到基本的力学知识的运用。例如利用柱梁的间距发现了拱门原理，并进而发展成圆顶。当有了金属材料之后，我们利用钢材的焊接工艺又发展出钢架结构，举世闻名的法国巴黎埃菲尔铁塔就是很好的钢架结构之代表。在水泥发明之后，混凝土和钢筋又开始得到应用。工业革命后，技术的发展为各种产品的形态塑造提供了多种可能性，工业设计一词应运而生，有关形态观的理论开始以书面的形式流传。

　　我们撷取了另外两类产品，如表 1-03 与表 1-04 所示。其中，图 1-40 是自行车发展简史图。通过自行车与音响产品设备的发展简史，我们可以分析出产品形态发展背后的多种动因，无论是材料及其工艺的进步、市场空白的需求，还是生活中问题的解决措施等动因，其实都可以归纳为两大类：基于技术的发展动因与基于用户的生活方式动因，而后者才是推动产品及其形态发展的最终核心动力，皆因其发自人性欲望之故。

　　结合以上三种产品的范例，我们试着来分析一下产品形态发展变化的脉络与线索。总的来说，迄今为止，形态多样化是必然的发展趋势，这是由技术的发展引起的。再往后，材料的可塑性越来越大，产品形态反而趋向于简单，这是由用户的体验导致的。产品形态越单纯简洁，越会"无形"地融入生活。而这种趋势，信息时代技术的发展居功至伟。

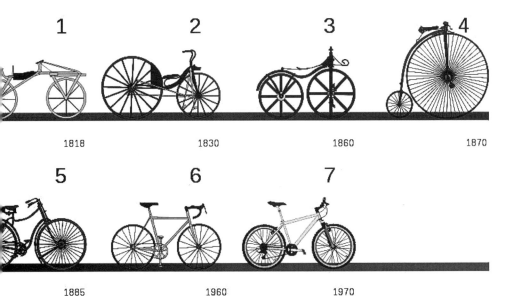

图 1-40　自行车发展简史图

自行车发展节点图　　　　　　　　表 1—03

起初，人们需要一个代步工具。1790 年，法国人西夫拉克发明了最原始的自行车。它只有两个轮子而没有传动装置，人骑在上面，需用两脚蹬地驱车向前滚动

然后，人们想让脚离开地面，免得让骑车与走路没什么两样。1870 年左右，出现了一种杂耍单车，它有一大一小两个车轮，用踏板直接驱动大轮。之所以采用很大的主动轮，是为了保证车子有足够的速度并保持平衡。这种杂耍车骑起来是很危险的，需要非常敏捷和熟练的技巧

再然后，人们希望能寻找到更加轻松的传动方式。1874 年，真正具有现代化形式的自行车诞生。英国人劳森在自行车上别出心裁地装上链条和链轮，用后轮的转动来推动车子前进。但仍然不够协调与稳定

是时候探索更稳定、协调的骑行了。1886 年，英国的机械工程师斯塔利，从机械学的角度设计出了新样式。英国人詹姆斯把自行车前后轮改为大小相同。1887 年，德国曼内斯公司将无缝钢管首先用于自行车生产。1888 年，爱尔兰的兽医邓洛普发明了充气车胎。从此，现代自行车的雏形形成

人们开始逐渐希望有自己喜欢的、多种选择的自行车形态出现。为了满足审美与个性的需求，各种种类样式的自行车相继设计出来

更快点！上班不想迟到！所以，应用了电动装置的电动自行车在市场上开始流行，成为流行的交通工具之一

音乐设备类产品发展节点图　　　　　表 1—04

人们想在家里面就能听到音乐。于是，1877 年，爱迪生公开表演了留声机，"会说话的机器"诞生的消息，立刻轰动全世界。外界舆论马上把他誉为"科学界的拿破仑"，留声机也成为 19 世纪最引人振奋的三大发明之一

人们想把音乐带着走。1898 年，丹麦的波尔森发明了钢丝录音机，从此，以硬磁性材料为载体，利用磁性材料的剩磁特性将声音信号记录在载体，具有重放、录音功能的磁带录音机开始在家庭普及

音色的品质成为人们看重的细节，基于科技发展所带来的更多的形态可塑性。老式录音机音色简单、苍白的特性，使其逐渐被社会淘汰。代表着更清晰、更浑厚音质的立体声 CD 播放器正式登上舞台

想独自拥有享受音乐的空间而不打扰别人，随时随地都可以听的 MP3 播放器应运而生。在起步阶段，最具影响力的 MP3——Diamond Rio PMP300，风靡全球

随着技术的发展与以用户体验为目标的设计追求，2001 年 10 月，苹果公司推出了第一代 IPOD，将 MP3 播放器演绎到艺术与文化的境界。它不仅容量巨大，操作智能，而且外形时尚，一经推出，即刻受到全球范围内的热捧！

想要更多元化的听觉体验吗？世界顶级音响制造品牌 JBL、哈曼卡顿，全球最知名的三大耳机品牌 UE、ETY、WESTONE 都量身为 IPOD 打造完美的声音输出设备，让 IPOD 完美的音质得以淋漓尽致地展现

音乐、通话、短信等需求都可以集成于一体，是不是更方便？ IPHONE 手机，可以实现手机 +IPOD+ 上网本的强大功能

│ 形态发展 │

　　形态多样化发展的原因，主要有如下几点：

1. 材料与生产工艺的多样化

　　材料是设计的原料。没有材料，形态无从谈起。人类发展初期的材料可以满足针对产品的基本技术性能要求。到后期，材料及其加工方式的发展，使得用户又开始要求材料能够体现出个性特征，这个特征通常都属于美学层面。毕竟不同属性的材料有着各自鲜明的性格与视觉特征，以可加工的造型、质感和色彩等元素综合表达，可以体现出迥然不同的形态风格，满足用户不同审美需求。如图 1-41 所示，现在绝大多数材料都可以塑造出各种体、面等形态，基本上已经不会出现先前囿于材料加工手段而出现的形态变化局限性。

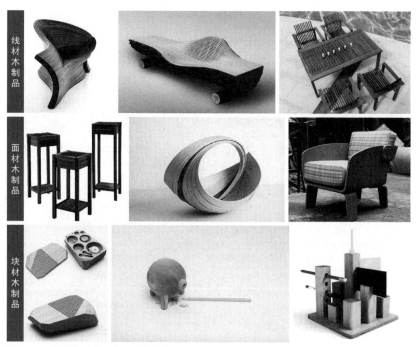

图 1-41　木制品可以加工处理成各种线、面、块的形态

2. 功能与使用的多样化

功能可以越分越细，以应对多样化的市场。笔者在斯图加特附近的WMF（国内名字是"符腾堡"。WMF是专门生产各类厨具、餐具的德国品牌）总厂参观，发现其衍生的厨房产品功能极为细化，繁复无穷，许多产品功能已经关注非常细微的德国餐厨使用需求，将餐饮生活方式物化，因功能和使用的不同形成形态的差异化，如图 1-42 所示。

除了基于功能的形态设计差异性，使用方式也同样是令形态可能发生变化的重要因素。同样一款产品，其使用很可能衍生出多种方法。在大多数情况下，使用方式的变化，很大程度上是基于技术方面的进化。如图 1-43 所示，从通话设备由室内固定式发展到随身携带式的过程来看，使用情境的变化也导致了按键形态等细节的改变。

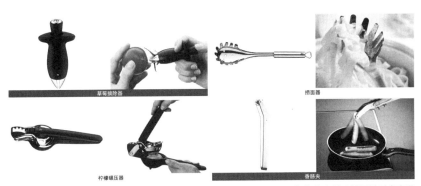

图 1-42　WMF 细化的产品功能及其对应产品

图 1-43　由于技术的进步而改变的电话使用方式，从硬件按键到屏幕内虚拟按键的进化

3.生活方式的多样化

生活方式所包含的内容极其广泛,其概念将人们的衣、食、住、行、工作、休息、娱乐、交际等生活细节囊括于一体。不同种族的人,有着不同的行为模式、生活习惯和价值观等生活特性。受不同历史发展、价值观念影响所形成的满足自身生活需要的所有活动方式与行为习惯,就是所谓的生活方式。

举一个常见的产品范例:筷子。

筷子是一件神奇的事物。虽然只是两根极为简单的细长小棍子,也没有任何别的配件,仅靠五指运转来使用。但经过人们几千年生活经验累积,筷子集各种功能于一身。王琥先生所著的《中国传统器具设计研究》中,如图1-44所示,将筷子的基本操作方式分为夹、挑、扒、搅、插、滤、引、摆、压、拼、捞、捡等十数种,道出中国传统哲学的观念。

筷子可以视为手指的延伸,并有效防止用手去直接接触食物,尤其是在食物处于高温的状态下。中国、日本和韩国的老百姓都习惯使用筷子来进食。但是筷子的形态却因生活方式不同而有所区别。

中国的筷子,其制作材料以木材和竹材为主。关于筷子的起源,可以根据"筷"这个字的解析来获得趣致的讲解。"筷"字之构成为上"竹"下"快",有一种说法是中国老百姓在喝粥时,习惯使用两根小木棍搅拌而使粥能够快速变凉,利于快速进食,所以将两根小木棍取名为"筷子"。而"竹"字,可解析为以竹子作为制作筷子的原材料。事实上,古人将筷子称为"箸",源于"神农制箸以尝百草"。"箸"与"竹"同音。但是在明朝,出海的渔夫忌讳这个与"住"同音的"箸"字,船在海中住,停滞不前,还怎么赚钱?所以南方沿海的渔夫将其改为"快"字,随后又在其上加入竹字头,最终形成了现在的"筷"字。中国的筷子与食物相接触的一端通常都是圆形,而相反的一端以矩形尤其是正方形的横截面为主。筷子顶部的矩形可以完全并拢,这种方形的设计,其优势在于:第一,筷子放置在桌面或碗上时,不会自由滚动落地,这与铅笔的六角形截面设计有异曲同工之妙。第二,方形截面可以增加筷子与手指头之间的摩擦力,方便紧握。由此看来,筷子与食物接触的圆形截面设计,及底部圆头,其意义在于:第一,圆形没有东南西北的专

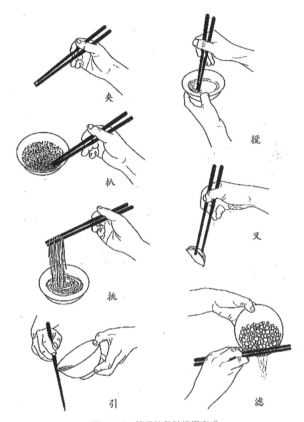

图 1-44　筷子的各种使用方式

项性，夹菜时无论怎样转动筷子，完全不会妨碍操作；第二，筷子与嘴唇接触时，方形的棱角会对嘴唇造成一定的刺激，而圆形则完全不会。

　　由此看来，筷子的上方下圆，是有其具体的使用意义与功能考量的。除此之外，筷子的这种造型，也契合了中国古代"天圆地方"的传统观念。所谓"天圆地方"，指的是古代科学对宇宙的认知，圆形是天的运转轨迹，而方形则是地的运转轨迹。天主地次，天阳地阴。日月依圆形运动生生不息，而大地如方形稳坐中军帐，一动一静，一方一圆。方圆之中，动静之间，两者融合贯通，形成天地万物，而人就是天地万物之灵，这就是《易经》对于天地生成及其运作的解读。方与圆的形态组合，在中国古代器物中屡见不鲜。其中，

图 1-45　王莽时期所设计的"国宝金匮"钱币形态

最典型的当属铜币的形态。新朝王莽时期所铸钱币，字体优美，铸造精良。其中有一款钱币，如图 1-45 所示，形态极为别致，上呈方孔圆形，写着"国宝金匮"四字。而下方呈长条方形，书写着"直万"二字，历来被古钱币收藏者称"国宝金匮直万"，价值无可估量。单单圆形钱币内挖出方形通孔，再加上上圆下方的整体造型，从形态上看，可谓天圆地方理念的代表。

　　相对中国而言，日本的筷子也普遍采用木材或竹材制成。日本筷子形态短而尖。究其原因，是因为日本人在进餐时，普遍采用的是分食制。饭菜分配好，装在托盘里，每个人都有一份。不需要像中国百姓聚餐一样，在一张大桌子上共食，需要用长而较粗的筷子去夹距离较远的菜。所以日本的筷子普遍不长。而其与食物相接触的一端通常都是尖锥形，据说这与生鱼片等食品需使用插扎式有关。

　　韩国的筷子，与食物接触的一端通常具有压扁后的扁形横截面，其相反的一端则以方形为主，且主要由不锈钢等金属材料制成。相对而言，韩国的金属筷子更为沉重和光滑，使用起来没有木制或竹制筷子便利。究其原因，一方面可能与韩国使用金属制品，而不太采用木材的传统有关。或许是韩国百姓相对具备更为超前的环保意识，有意识地避免破坏生态与自然。另一方面，韩国的烧烤式进餐更适宜用金属制的筷子，以便在炭火上翻烤各类食材。

　　除了与餐饮文化有关外，筷子形态也因不同的使用场合、不同的功能需求和阶层等原因而产生差异。例如，为了避免一次性木制或竹制筷子对生态环境的破坏，以及避免外界不卫生的餐具所带来的健康问题，随身携带的伸缩型或包装型筷子日益普及。而为了体现阶层意识与优越感，也有许多加以工艺装饰手法或以名贵材料制成的筷子产生，同时也可作为一种承载民族区域特色的具有文化语境的礼品用来馈赠。

　　以上所述的中日韩筷子，其形态的区别，如图1-46所示。

　　形态因技术的发展而变得多样化，更因生活方式与用户体验的双重发展而变得日益"返璞归真"。人类发展初期的产品受到材料与工艺的限制，形态以满足功能为首要目的，谈不上注重美学，更遑论风格。随着技术的发展，形态繁复、装饰奇巧的工艺品甚至是产品应运而生，处处展示巧夺天工之技艺，传尽用材造型之奢华。其后，具有多功能的高技派产品，与技术大发展呼应，出现了更为复杂的形态。

　　随着设计的切入点由针对产品和技术转为用户需求和体验，如今的电子信息产品又开始呈现简约风格，通常以抽象几何形来构思。相对于自然界的有机形态而言，简约的几何形更为理性，带有明显的有序性和逻辑性。

图1-46　日本、韩国与中国的筷子形态细节比较

1-06 来源｜ORIGAN

在了解了形态发展的基本规律与动因之后，反过来思索形态来源，或者说在设计产品形态时思考哪几个要素呢？万丈高楼平地起，空想无法得出结果，基于生活经验的理性分析与感性联想，才是形态设计的思路来源。

设计形态，主要还是为了通过交互实现功能，使体验愉悦。此处的交互，并非是指狭义层面上的人机交互，而是指用户通过媒介和手段与产品所发生的关系。当你在观赏产品时，借由视觉途径获得静态审美层面上的信息；当你在使用产品时，借由视觉、触觉、听觉等途径，来获得动态交互层面上的信息。所以，人们与产品发生互动及其所产生的反馈，都像是附着在基于生活形态与心智经验所综合编织的一张大网内。这张网就是一个大数据系统，所谓万变不离其宗，指的就是无论人机互动形式如何，反馈变化形式如何，产品软硬载体如何，都逃不了"产品就是人的延伸"这一核心。且发展到未来，势必会让产品及其人机互动方式，自然而然地"成为人生命的一部分"。

所以，产品形态的来源，是人类对大自然观察良久之后，模仿自然形态所"拟"出来的；是对逐步建立完善起来的社会运作良久之后，基于势在必行的需求与身边唾手可得的材料钻研出来的；是在制作经验丰富、生产技术发展的基础之上，通过实验与测试所深究出来的；是基于更好的使用体验，逐步完善出来的。由此，我们可以试着推断产品形态的设计灵感，亦其来源，包含但不止于如下几种情况：源于自然界、历史人文、功能使用还有技术因素等。

| 源于自然 |

自然界中的形态大多为有机形态，这些形态特征具有生命力。最突出的例子莫过于鹦鹉螺，其剖面是令人惊奇的极具秩序与规律的螺旋线，这些线条随着鹦鹉螺的生长而形成。不过，隐藏在这些秩序与形态背后的机能，使仿生的意义不只是视觉上的审美，更在于机能与性能上的提升。小小的贝壳后面，隐藏着大自然的智慧。正如笔者在青岛市贝壳博物馆所看到的，一只大法螺可以放大手机的音乐声，其功效不亚于高品质的音响设备；而来自不同地域的两只贝壳，可以像螺丝螺母一样严丝合缝。此外还有蜜蜂所筑造的六角蜂窝，其结构是最经济、最合理的空间形式，也体现着几何学的规律性。所以当人们对于众多消费品形态的认知提升到了新的阶段，

在产品形态上的仿生便逐渐趋向抽象，并且更具有精神意义。

工业设计层面上的仿生有两种意义。传统狭义的概念，是指针对生物外观进行形态上的模仿，包括造型、色彩与质感等。这好似中国古代许多器物的造型，出于统治阶级威慑作用与制造肃穆端庄的气氛之考虑，多采用狮虎形象的轮廓、纹理及颜色来烘托威严高贵的氛围。而现代广义的概念，则是指以用户需求为出发点，为了满足用户复杂的需求，不仅需要从生物形态，更包含材料、结构、机能等方面进行产品设计。所以，工业设计本身的学科交叉性及其"以体验为重心"的着眼点，已绝非仅模仿形态便可完成设计了。这样的范例，在古代亦有所体现。鱼在水中畅游，古代的"设计师"们就模仿其形态来造船，观察鱼在水中摇摆尾巴来游动转弯，他们就在船尾上架置木桨。木桨的功效就等同于鱼鳍的作用。通过不断修正，木桨又逐步被改为橹和舵，增加了船的动力，使船的转弯操控力更加游刃有余。

俄罗斯莫斯科的 Constantin Bolimond 设计了一款名为"开花（Bloom）"的吊灯，如图 1-47 所示，其设计灵感来自花朵的形状和结构，灯罩由六片可以活动的花瓣组成，还模仿了花瓣与整个花朵之间的互动关系，整个灯罩可以开合，像是一朵倒挂的花。

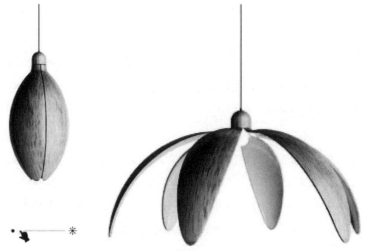

图 1-47 "开花"吊灯的张开与闭合状态下的形态

火山加湿器（Volcano Humidifier)来自韩国设计师 Dae-hoo Kim 的创意，如图 1-48 所示，是 2013 年 IDEA 设计奖的获奖作品。加湿器的外形源自于火山的抽象轮廓，而其使用情境也与火山相关。火山加湿器的主要特点包括，造型类似火山，从顶部灌入以加水，工作的时候，水蒸气从"火山口"往外喷，配上朦胧的灯光特效，看上去真的就像一座火山；此外，这套加湿器有相当多的款式，每一款都会照真实存在的火山特点打造，如黄石公园款和富士山款。值得注意的是，在加湿器处于工作状态时，水蒸气可以笔直往上喷射，也可以缓缓从侧面流下，还可以用各种"烟圈"的形式，一圈一圈地吐出、上升、变淡、消失，使用体验多元而丰富。

日本女设计师 Nao Tamura 设计的有意味的仿生餐具"四季"，如图 1-49 所示。这款设计独具匠心，各方面细节设计考量深入，赢得了 2010 年米兰设计周的 Salone Satellite 奖项。这些和树叶一样清新的碟子均由硅砂材料制成，其形态的质感仿如从自然中流出，独特的柔韧性便于其灵活应用和运输，同时也可以在微波炉与烤箱等厨房空间中使用。

图 1-48　极简的静态形态与丰富的动态细节兼具的火山加湿器

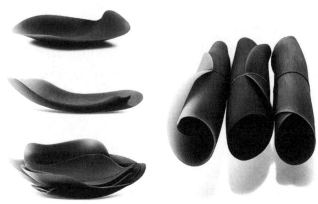

图 1-49　四季餐具

| 源于人文 |

　　设计的内涵是文化。设计若离开文化的支撑则如同无源之水。来源于文化、历史、社会等人文因素的形态，是设计的灵气与内涵。

　　上下是国内的原创设计品牌，着眼于中式与现代特色的服饰、珠宝和家具等产品设计。如图 1-50 所示，"小天地"系列紫檀家具是其脱胎于明式家具而加以简化之后的产品。将原本外圆内方的设计、颠倒之后，形成"外方内圆"，拥有了更具现代感的线条，也展露其精湛工艺。看上去有一丝明式家具的意味；再往近处端详，其细节与明式家具判若云泥。

　　如图 1-51 所示，这款闻名世界的吊灯是由西班牙设计鬼才杰米·海扬设计的。其巴洛克式的造型配以金色，气质华美，又不失现代工业感。它是杰米·海扬的成名作之一。这位被设计评论界称为菲利普·斯塔克接班人的设计师，善于从古典造型中挖掘出现代感。换句话说，你总能从类似的产品形态细节或整体格局中隐约嗅到一丝古典的意味；但仔细端详，主体却以清晰明了的现代风格，使人犹豫是否要将其纳入折衷主义的窠臼。到底是哪一种具体的风格，这个很重要吗？

　　日本新锐青年设计师坪井浩尚（Hironao Tsuboi）的红点获奖设计是

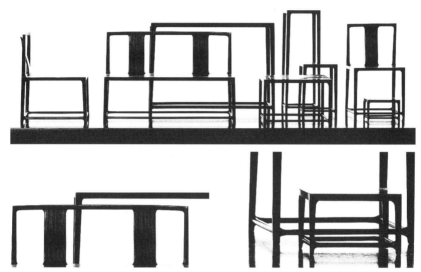

图 1-50　脱胎于明式家具又区别于其细节形态的"小天地"系列紫檀家具

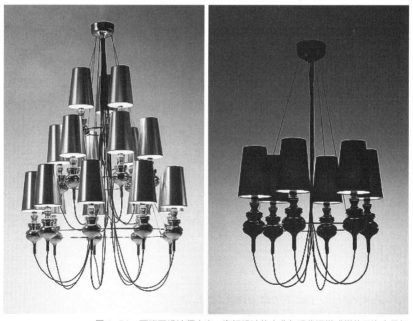

图 1-51　西班牙设计师杰米·海扬设计的古典与现代混搭式样的巴洛克吊灯

图 1-52　带有民族特色的樱花杯

一款形态别致的樱花杯（Sakurasaku Glass），如图 1-52 所示。樱花杯的
设计灵感来源于坪井喝水时偶然发现的杯底所留下的水痕。对水痕这一种
生活中真实存在的视觉信息的再思考，使他对杯底进行改造，将杯子留下
的水痕，变幻为一朵经常用来指代日本文化的樱花。可见，日本设计师对
于本国经典形象的借用，堪称频繁。他们的意图不一定是为宣扬本国文化。
事实上，与其将樱花形象应用于各类视觉或产品设计中这种方式视为民族
热情的张扬，不如将其理解为，对本土区域的热爱或因为从小耳濡目染所
产生的感情，使其自然而然而非生硬刻意地应用融合。这就好比浸淫在作
坊数十年如一日的老工匠，总是愿意撷取自己最熟悉的元素，来作为创作
基础。这就如同日本民族的性格，对认准的原则一再坚持，无论设计流派
如何此起彼伏，无论设计理念或流行风格如何轮番坐庄，对于岁月累积和
心灵相通的元素，总是因发自内心的情有独钟而保持独有的特色并时刻以
再生的面貌做到新的极致。

| 源于功用 |

此处的功用，是将功能与使用结合。

对于普通人来说，拿起水杯喝水是再简单不过的事情。但对于那些失

明的人们来说，仅仅拿起杯子就相当不容易了。若杯中的水比较多，一不
小心洒自己一身是很常见的事。设计师为了避免这种尴尬，针对盲人的使
用习惯推出了一款不会溢出水的杯子，如图 1-53 所示。在倒水的过程中，
由大拇指感知所触碰到的配件的力度，来判断水面的上涨情况。

这种盲人防溢杯的形态正是基于理性的功能与使用的考量所作的特别
的设计。其来源就是生活中人们的行为模式与操作细节。

美国著名建筑师路易斯·沙利文曾提出"形式追随功能"的设计观点。
理念认为，所设计的对象，其本质是要追求功能，并且使得对象的表现形式，
也就是形态，因功能的改变而改变。这句话说明的是，形态诞生的主要的
理由，不是审美，不是成本，而是满足功能需求。这样才是合理的形态。

功能与使用总是紧密结合在一起考量。功能的达到与否，说到底，是由
用户与产品的互动确定的。使用的便利程度，在很大程度上，影响着功能实
现的难易程度。用户与产品之间交互的难易，代表着人机之间磨合度的高低。
在使用产品这个层面，有许多理论起指导作用，最著名的当属人机工程学。

现代产品设计离不开人机工程学。绝大多数产品依靠或参考人机工程
学的理念与原则，来确定产品最终形态。人机工程学可以作为标准，为产

图 1-53　盲人防溢杯

品形态设计提供一整套"以人为本"的设计原则与具体的设计方法，它是基于实践、由具体数据和多种学科共同支撑的科学方法，已经成为产品设计的主要依据。互联网时代的网页、微信公关文案等载体的视觉设计，也依赖于人机工程学的许多理念与准则。

如图 1-54 所示的这款设计作品，曾经获得 2013 年的红点奖。普通拐杖因其形态与尺寸而不方便运输和储存。这款折叠拐杖可以对半折叠：只要按一下位于拐杖中点的按钮即可。拐杖可以伸缩，以适用于不同身高和年龄的人，同时有利于在运输和储存过程中适应物流，节省空间。所以，在原有功能的基础上，针对使用过程中出现的问题加以改良，使其具备辅助功能，并配套相应的操作方式，这就是这款拐杖形态的设计想法。其形态调整的重点，就在于适应对半折叠这一功能点。而这个功能点的设计起因，是拐杖在用户使用前的物流、使用时的长度、使用后的储存等三个环节所带来的功能与使用上的问题。

图 1-55 中的马桶垫圈设计，来自设计师 Chang Han-Jou 等人的创意。Corolla 是一款孕妇专用的马桶垫圈，两边有着高高的扶手，方便支撑站与坐的完成。其整体形态看上去也相当于一个围栏，能提升坐在上面如厕的安全系数。另外，设计还提供了配套的垫脚，方便搁脚。

图 1-56 中所示的带刀片的卷尺（Tape-Cutter），是中国设计师程杭等人的设计。这款卷尺在尺的中间划开一条缝，内置刀片。在一些需要测量长度并切割的场合，使人们可以一边量，一边按下按钮让刀片弹出切割，相当方便，甚至能够单手操作。在构思这种设计的时候，需考虑产品的使用情境。设计产品实际上是解决"这个产品到底有什么用"的问题。卷尺天赋使命就是测量数值，而测量完之后可能进行的后续事项，包括裁纸、划线、找平等需要加以考虑。使用卷尺，只是达成目的的一个中间步骤。如果设想整个事件，将卷尺与其他工具相结合，是否有可能使整体任务完成得更为顺利呢？选取其中的若干使用情境，将有先后顺序的，承担不同职能的工具合二为一，这就是所谓的"功能集成"。因此，形态就产生顺势而为的变化。

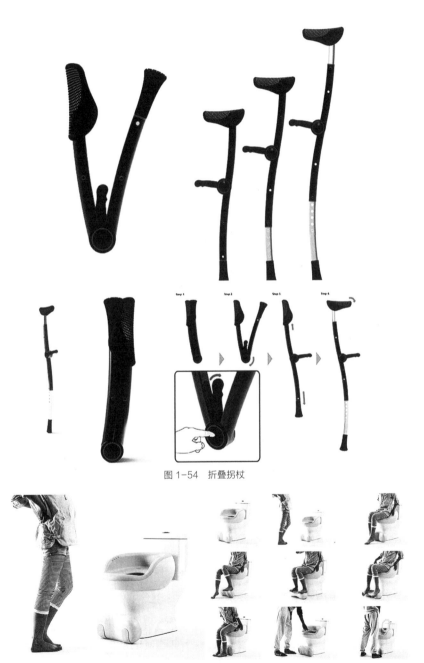

图 1-54　折叠拐杖

图 1-55　孕妇用坐便器垫圈

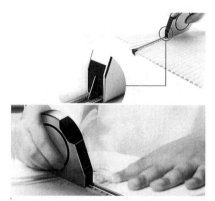

图 1-56　带刀片的卷尺

图 1-57　胶合板椅子

　　无论如今时代发展有多么迅速，遵循功能，依然是值得信赖的信条。这是基于人机之间的关系自然衍生出来的真实情感。

| 源于技术 |

　　技术的进步，推动着产品世代更替不断向前发展。设计师需要关心技术对形态设计的影响，尤其关注那些滚烫出庐的崭新技术及其可以塑造的形态或状态。产品形态设计中的技术因素主要有两方面：一是新材料、新工艺、新手段为产品形态提供的新的可塑性；二是现有的材料、工艺、手段对形态设计在形式内容上的制约。

　　在层压胶合板出现之前，图 1-57 中所示的这种形态的椅子是几乎不可能塑造出来的。在工业设计史上，沙里宁、伊姆斯、库卡波罗等大师都利用这种材料创造过不朽的作品。

　　同样，电视技术的发展也是一个典型的例子。早期设计者用电视机代替传统壁炉，即整个家庭的中心来构思设计。如今，电视的厚度变得更薄，屏幕变得更大，由以前的块体演化成今日的板材。这种变化有赖于飞速发展的科学技术，其中微芯片和新型的扁平屏幕使电视机发展成为如今的主流形态。

PART 2
无限的形态

2-01 总述｜SUMMARIZE

　　诞生于爱琴海的毕达哥拉斯学派企图用"数"来解释世间万物。毕达哥拉斯学派为"10"这个数字着迷，因为 10 是由 1、2、3、4 这四个数字相加之后所得出的数值。而这四个数字，也是大自然最基础的组成元素。"1"，代表一维的点；"2"，表示两个点可以连成一条一维的线；"3"，代表着三个点能画成一个二维的三角形；而"4"，则是四个点可以连接成为一个三维的四面体。在这样的基础上，毕达哥拉斯学派推导出了由 4 个点、12 根线和 6 个面构成的立方体。

在以上的推导过程中，逐步出现了点、线、面、体等基础的几何元素。

在几何学里，形态以点、线、面、体等视觉因子作为基本要素。

纯粹几何意义上的点、线、面、体都是只能被感知而不能被表现的，这对于造型活动来说就丧失了使用的价值。为了把握这些基本要素使它们为形态设计服务，就必须把这些几何学概念上的点、线、面、体等因子直观化，变成视觉形象。这些元素所呈现的特征，必须在特定的空间环境中相互体现。例如，在无垠的天空上的点点繁星，虽然每一颗星的质量都非常大，但与浩瀚无际的天空相比，给人们的感受却只是一个个的点。一个几何形如长方形，如果延伸它的长度，它给予人们的视觉感受则变为一条线。

我们能看到的自然物与人工物，其形态都是由各种基本的形态元素经由加减而成。这些基本的形态元素，也就是本书中的所谓形态的构成因子，包括点、线、面、体等。这些构成因子不真实存在于现实生活中，而是从世间万物的形态中抽取提炼而成的抽象视觉元素，并以多种方式相互作用，形成了物体形态的基本视觉特征。

几何形态是经过归纳的假设与精确的计算所推理出的形态，包括球体、柱体、台体、矩形体等立体形态。虽然并非每一种自然物或产品形态都一定是纯粹的球体、立方体或棱锥等，但在形态设计中，针对这些几何形态的组合来构成基本形的做法屡见不鲜。无论何种几何形态，均非最原始与最本质的基础单元形态，因为它们也都来源于最基本的构成因子。这就好比分子是物质的最小单元。

对各种直棱体和曲面体进行组合或切割，即加减手法的应用，可以衍生出无穷无尽的产品形态，如图 2-01 所示。无论何种组合或切割方式，都需要以单体为基础来进行形态设计。所谓单体，是针对形态的视觉特征而言的，在本书中，泛指最原始的抽象几何元素，如立方体、矩形体、球体、圆锥、圆台、圆柱、面片等。许多产品基本上都是以几何单体作为形态基础而确定整体造型风格的，这些单体都可视为产品本身的"雏形"形态，任何面的转折、槽的挖削、孔径的冲钻、倒角的塑造以及切割的应用等细节的增加，都以这个"雏形"形态为基础开展。运用几何形态进行形

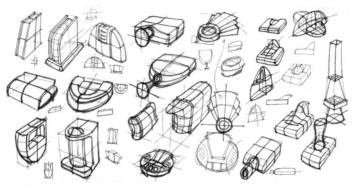

图 2-01　针对直棱体与曲面体的各种组合与切割，所衍生的各种可能的形态

态设计，在现代主义之后的产品中使用极其广泛。许多产品形态都是由几何形态的加减综合而得。

对于这些抽象几何形态，我们可以暂时将产品功能、使用等设计因素隐蔽，而单纯地使形态设计多样化。形态的塑造由此有千万种可能性，这称为"无限的形态设计"。任意一种几何元素，都有无数种消减的方式，消减之后的部块有无穷的重构方式。如果再加入一种几何元素，两者之间辅以各种组合的方式，再消减之后进行重构或者如果所有的部件形态加以不同的配色与质感体现，效果都将是惊人的……总而言之，若不给这些形态设计注入现实的限制因素，那么我们将推导出不计其数的可能的新形态。这样的形态设计，其意义不适合归于产品设计范畴，而更像是纯艺术层面的一种创造行为。

当然，在后续的相应讲述过程中所演示的这些无限的形态设计过程，依然会给其加上一些主题。而这些主题，都是来源于形态构成中的各种"态"，也就是理由。之所以这么做，不是因为形态设计无限性的"形而上"所带来的无意义，而是给正式的基于产品研发的"有限的形态设计"埋下伏笔。此外，在构思形态的过程中，难以避免会有需要思维发散的时候。在发散的过程中，点、线、面、体等构成因子的组合与变形，各类形态的加减过渡等方式，也需要有一定的对于其成型效果的预判。既要收，也要放，并抵达收放自如之境地。

2-02　点石成金｜POINT

　　日本的设计机构Nendo曾经推出一款行李箱产品，外观像一只乌龟，如图2-02所示。形态简约，但精致的设计在各细节中展露无遗。我们可以从图中的第二行看到各种拉链头、封箱带等细节的设计，它们均以圆形为基础进行形态设定。这些细节，以整个行李箱的体量作对比，可以视为构成之中的"点"元素。换句话说，许多产品形态的精致感，都可以由其自身的"点"元素的设计体现。

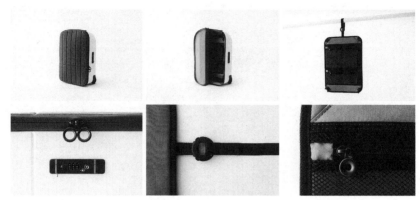

图 2-02　日本 Nendo 工作室设计的行李箱产品形态

　　笔者在斯图加特国立造型艺术学院的课程设计展上，曾经看到过一个作品，如图 2-03 所示。这个构成是以小金字塔为基本单元体来进行各色形态组合的构成设计，在桌面上铺满以体现柔润性，或搭建成各种有机的建筑形态，或进行艺术作品的拼装等。在这些作品中，我们可以根据体量比对，将单元体理解为形态构成中的点元素。

　　这就是点的魅力。

　　从美学角度看，点是作为形态而实际存在的，并非几何学里的"无大小而存于两线交叉处"的点，只具有几何学上"点"的位置意义。

　　单独的点是孤立和无情感的。在画面上，一点是视线集中注意的地方。若存在两个一样大小的点，视线就会来回反复于这两点间，而产生"线"的感觉。如两点有大小之分，则大多数人的视线就会从大的点向小的点移动，因为人的视觉首先感受到的是通过体量来传递的、更强烈的刺激。当三个点按一条直线排列，那么人的视线就会从一个点到另一个点，始终在一条线上稳定移动，最终回到中间点上停止，形成视觉停歇点，这样便产生了稳定感。如果有多个点，人们则会根据自身经验和知觉的恒定性，将其按照一定的形状来进行排列，从而产生一种虚"形"的视知觉。所以，点群会具有引导视线来形成新的"形"的作用。

图 2-03　由单元体集合为表现形式法则的构成作品

设计师们常常利用点的这种知觉特征，把重要开关设计在明显的位置，或者以大体量的尺寸和带有警示性的高亮配色来突显其重要地位。点能引导视线，起到组织形象的作用，如图 2-04 所示。

正如前面所述，点不存在大小的体量概念，只是表示三维空间中的一个位置。在产品形态中，点的存在形式多种多样。我们通过相对体积大小的判断，来表现所谓"点"因子在形态中的视觉状态。手机按键、瓶中的药丸、衣柜里装嵌的螺丝钉、投影仪侧面的散热孔、电子产品表面的指示灯、任何产品表面的图标等，都可以理解为形态中包含的点因子。这些点有大有小，体量不一，主要依据其与所处产品形态的体量大小比对，来得出"点"的概念。事实上，假设将这些点元素放在显微镜下看，你看到的可能是一定直径的圆台，或者是复杂形态的各类几何体等。所以，在单纯研讨点因子的构成时，我们需要将其与周围的产品环境关联来分析。同样，在产品形态中，点具有形状、色彩、位置、材质等视觉特征，构成具备差异性的点的形态特质。如图2-05所示，这都是我们可以从日常用品中所撷取的包含点因子的形态设计。

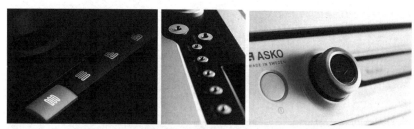

图 2-04　作为点元素的、需要强调主体地位的按键形态设计

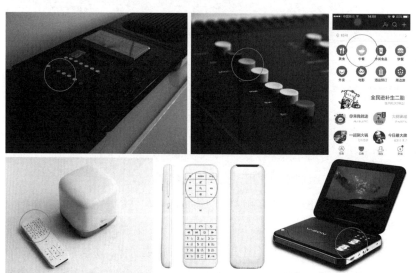

图 2-05　包含有"点"因子的各类产品形态及界面图

图 2-06　洛可可出品的电视棒、制氧机与传感器

　　另外，许多产品的壳体有序排列着点群，作为散热或通风的通道。如图 2-06 所示，这三款产品均出品自洛可可设计，壳体上有序严谨排列的点成为设计亮点。

　　值得注意的是，产品本身可能存在着由许多点构成的点群。点群里的点因子数量越多，使用复杂程度加剧的可能性越大。最典型的产品是电视遥控器。遥控器上有许多承载不同具体功能的点因子，包括控制后退快进的按钮、控制开关的按钮、控制图像调节的按钮、控制声音强弱的按钮等。如果不能对这些点群加以区分性设计，会给用户使用带来不便，人机磨合度低。所以，我们必须对遥控器的按键排列加以设计，区分不同性质的点群阵营，不同阵营之间还需要适当区分，包括应用距离远近设计、区分性边框的加入等手法，都可以让点群排列清晰明了。如图 2-07 所示，我们可以看到在计算器与遥控器的界面形态设计中，包含着许多区分不同阵营的设计手法。右上角是锤子手机里的计算器 APP 界面，可以看到，即使是虚拟软件的界面形态，其界面形态也与硬件的界面形态设计有异曲同工之妙。换言之，这是针对产品表面的"点群形态"作设计，设计的手法可以通过细节形态调整、色彩配置、距离控制、区分性边框、尺度和体量对比等途径来实现。如图 2-08 所示，即使同样都是烤面包机，同样的升降杆与按键，也可以排列在不同的位置，设计成不同的细节形态。这颇类似于版面设计，在一定尺寸的篇幅内，针对其中形态各异的视觉元素，辅以网格，在网格内进行元素的排列设计。既可以根据自身目的来引导用户使用，又形成具有一定秩序美感的"版式"。

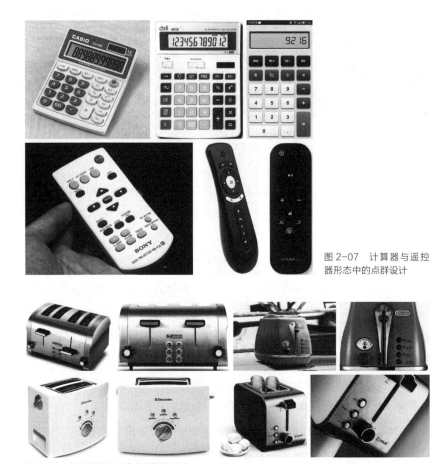

图 2-07　计算器与遥控器形态中的点群设计

图 2-08　不同面包机形态中的按键设计

　　点群的设计除了考虑使用的便利之外，也需考虑审美。我们不可能在产品表面随意、乱七八糟地进行点因子的排列。依据点群的构成特色，设计出有秩序感与情感的点群，既发挥特定功能，又通过"排版"来满足美学要求。

　　针对承载不同功能、具有不同性质的点，在进行设计时，我们可以运用如下手法：

　　①形状对比要素：通过形状设计，给予不同性质的按键以不同的轮

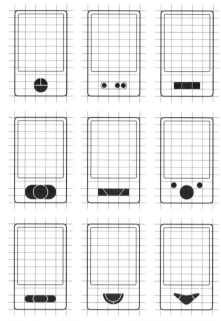

图 2-09　针对形态、尺寸、位置关系等进行设计的按键意象图

廓外形。

②尺度对比要素：通过尺寸大小的区分，给予不同性质的按键以有差异性的尺寸设定。

③色彩对比要素：结合常用的色彩心理设计原则，依据按键的使用频率或重要性来针对不同性质的按键配置色彩。

④方向对比要素：结合装饰要素，通过旋转等方式赋予按键方向的变化，同时起丰富整体"版面"层次的作用。

⑤材质对比要素：不同材质有不同的视觉特色和质感，常用于区分性质、丰富层次，但是在加工工艺上要嵌套配合考量，不可因噎废食，为了区分而过度设计，甚至完全不考虑相应加工设备的承载与制作能力。

如图 2-09 所示，这里的集中按键形态及位置关系，将如上五种对比要素都融入其中，按按键的主次关系，进行了有秩序、有区别的设计。

　　而在针对不同功能承载、不同性质的点群时，我们可以运用如下手法：

　　①点群距离控制式区分：专门控制视频播放功能的按键群、专门控制基本调节的按键群、专门控制画面各视觉要素的按键群等，依据功能划分为不同阵营，阵营之间隔开适当距离。通常情况下，点和点的距离拉近，容易受张力的影响形成一个视觉整体。

　　②视觉元素嵌入式区分：线型可以划分出若干部分元素（点群），色块可以包裹住内部元素（点群），这两种方式都常见于不同性质点群阵营的区分。

　　图 2-10 所示为在针对不同点群设计时的若干种形态构思，这些构思既包含了点元素的形态设计，也包含了版面里的布局规划。

　　关于点元素最常见的表现方式按钮，史蒂夫·乔布斯曾经说过一句话："要想使用户界面足够漂亮，你就应当用一个按键完成所有的任务。"看起来，乔布斯是一位典型的外观崇拜者。"少就是多"的信条，在一定程度上，由他演绎成了"少就是美"。在这样的思想指导下，IPHONE 系列手机产品，均只保留了一个物理按键。如果手机上有三个以上的实体按键的话，是否容易出现使用失误的情况，逼迫用户不自觉地记忆按键位置与其功能的匹配呢？乔布斯回归苹果公司后，发布的第一款产品 IPOD，让世界为之刮目，其亮点正是在于 IPOD 操作极其简便，只使用一个转盘，就代替了其他 MP3 产品的播放、停止、前进后退等功能按键。这种别具一格又简单形象的用户体验，为 IPOD 赢得了市场。

图 2-10　点群形态及布局设计的几种构思

2-03 穿针引线｜LINE

Um Dimm 是石川大辅先生与石川真由美女士按照俄语取的一个杂货铺的名字，其字面意思是："我们的心"。石川大辅和石川真由美女士都很喜欢铁艺，无论设计什么产品，石川大辅都愿意选择铁作为材料，这或许与其从小在制铁环境下成长有关。如果铁制品生锈了呢？石川先生的答案是：生锈是铁的一种有趣的表情。所以，如图 2—11 所示，当我们看到他们的作品时，不仅有着铁制品的古朴粗犷感，还能看到直线实体在作品所占到的比重，使得作品们的情感显得通直而直率。

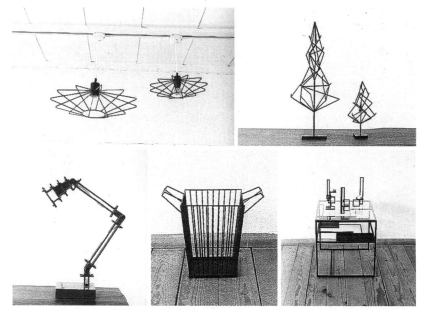

图 2-11　以铁为原料、以直线作为造型特色的各类 Um Dimm 家居产品设计

　　图中第一行的灯具与首饰架均由铁丝编制而成，棱角分明。图中第二行的台灯、铁篮子与搭配了蜡烛架的桌子，流畅的造型将铁独有的高雅质感与轻松休闲的心情融合，风格简约而百搭。

　　石川的铁制品就是以直线实体为造型的基本元素来作设计的。与其说是为了追求这种风格而设计产品，还不如说是石川在掌握了铁的脾气与性格之后，为这种材料来量身定做。在这一部分我们想讲述的是产品中的线。

　　从石川的作品中可以看到，线群的排列可以按照形式法则来综合应用，构成产品的形态或形态骨架。线群拉伸是源于立体构成中的概念，线群的拉伸，无论是硬质线材还是软质线材，都能塑造极具节奏性与韵律感的形态构成。从几何的视觉层面说，线是点的集成，又可以集成之后形成面，在抽象几何要素中出现频率高、作用显著。如图 2-12 所示，许多构成作品与产品的形态，都可以从其线群的排列中寻找到对齐、从中心发射、单元体集合等形式法则，并展现出基于节奏与韵律的秩序性及其所传达的美感。

　　线，是点移动的轨迹。将点沿着某条直线或曲线轨迹进行移动，所留下来的轨迹就是几何学中的"线"。在几何学中，线没有粗细之分。但在实际产品形态中，我们依然可以根据其宽度与产品本身作尺度对比，来得出线的概念。线是个相对的概念，太短的线或太宽的线会成为面，很难具体定义。

　　线有一定的方向，由线的起始点的运动方向来决定。"线"按其形状和性质的不同，可以分为直线和曲线。美学原理认为，在造型形态的表现中，相对于点而言，线更能影响观众心理。直线给人以刚直、坚实、明确的感觉，曲线则给人以优雅、柔和、轻盈的感觉，如图 2-13 所示。

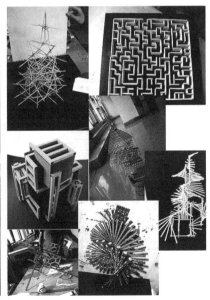

图 2-12　立体构成中线材应用及线群拉伸的形态

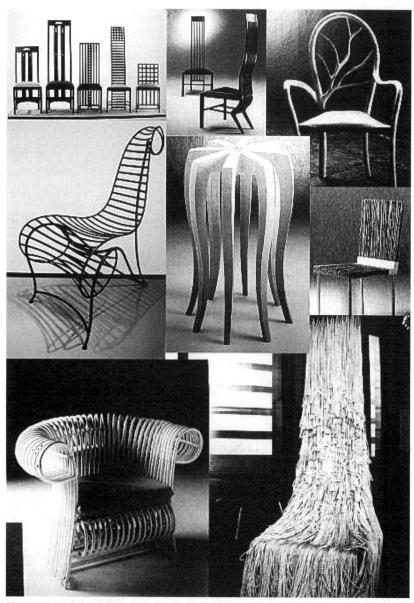

图 2-13 线材构成的坐具

| 直线 |

从树上摘取一片叶子，将其对折，就可以看到折痕形成了一条直线。直线是简洁有力的。水平方向的直线稳定平和；垂直方向的直线支撑感十足，有顶天立地的坚毅特质；按照固定角度倾斜的直线有一定的动态展现，与水平和垂直方向的直线相比，具有不平衡感，可以塑造灵性活跃的视觉形象。

将一条直线在某处折弯，即形成折线。折弯力度的大小不同，折线形成的角度不同。直角角度的折线的视觉感受相对稳定，常见于产品形态中。锐角角度的折线，相对更显尖锐和具有冲击力。锐角越小，则越有不安定的发展趋势。钝角角度的折线，给人以稳定牢靠的心理感受。如图2-14所示，以普通矩形为主体，来设置产品与桌面接触时的"支脚"细节形态，可谓各有千秋。与曲线构成的支脚相比，由直线构成的侧面支脚，通直而下，动势有别。

根据众多设计师的审美经验综合分析，直线因其各种不同的形状，可以表达出下列不同的性格特征：粗直线具有坚强有力、稳定顽固的特征；细直线可以视为敏感与脆弱的代言；折线所具备的节奏动感，可体现焦躁与波折等特征。总体而言，直线具有男性的特征，说到此处，突然联想起"直男"这种网络上的用语，不禁莞尔一笑。

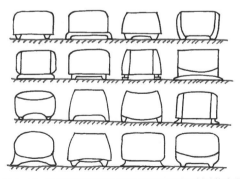

图2-14　产品与地面接触时的相关细节形态及其动势表现

| 曲线 |

　　曲线轮廓是自然物所拥有的共同视觉特色，也是有机形态时常被用来形容自然物轮廓的原因。所以曲线所构成的形态，通常也被称为有机形态。据说这个名词来源于莱特的有机建筑。有一次莱特请教沙利文，沙利文指出："许多问题本身就包含了解答（指形的产生）"，用以论证所谓"形"的基础不一定要依靠传统的美学价值来决定。这正好与沙利文名动天下的"形式追随功能"的理念相契合。

　　曲线的种类大致分为自由曲线和几何曲线两种。自由曲线的无序性带来不可捉摸的动态与变化趋势。一条自由曲线受各个方向作用力的影响，可以弯曲成任意弧度，形成不易把握规律的曲线。几何曲线包括圆、椭圆、抛物线、螺旋线和规则曲线等。通常，几何曲线将是形态设计时常用的基础原型。

　　①圆：当一条直线围绕着其中一个端点在二维平面内旋转一圈至与另一个端点重合，即可得出圆。圆是中心对称的有序的封闭曲线，具有很强的向心力。中国古代传统思想中天圆地方的理念，"天圆"指万物沿着圆形轨迹生生不息地运转，圆形代表永不停歇的生命历程。

　　②椭圆：在二维平面中，将圆沿着某条轴线"压扁"，即可得出椭圆。椭圆相对于圆而言更具有动感。离心力越大，椭圆就越扁。离心率越小，椭圆就越接近于圆。九大行星公转的轨迹，就是椭圆。太阳处在所有椭圆的一个焦点上，这就是赫赫有名的开普勒第一定律。

　　③规则曲线：所谓规则曲线，是截取自圆形轮廓上的一段曲线，所以其视觉特色具备一定的秩序感。

　　④螺旋线：螺旋线在自然界中屡见不鲜，尤其体现在螺类生物的纹理与轮廓线中。螺旋线具备旺盛的生命力和视觉特征。在生活中经常听到某个人的工作发展呈现"曲线式螺旋上升"的趋势，这也体现了螺旋线本身给人带来的"不断有序生长状态"的心理感受。

　　曲线也因不同的形式而传递不同的性格特征。弧线给人以充实、饱满的感觉；椭圆形弧线除具有圆弧特点外，还有柔软的特征；抛物线具有强烈的速度感和现代感。总体而言，曲线具有女性美的特征。

综上所述，各种类型的直线和曲线，因其不同形态特征，很容易和人们的审美情感相互呼应。要善于根据现有的实际物品和产品进行抽象分析，用美学的原理来分解产品形态的构成，形成自己对产品基础形态构成的正确认识，进而在作设计的时候，能够更合理和更具创造性地表现产品形态构成的心理内涵。

| 实线 |

所谓实线，是指产品形态中所包含的、看得到摸得着的，以实体形式出现的线元素。许多产品的整体或部分都是由实体线材作为载体来制作和展现的，迥异于人为归纳的产品轮廓线、生产导致的分型线和产品表面的印制线。

一条线，经弯折、转折、剪裁、组合等各种手段加工，可以塑造成什么有用的产品形态呢？如图 2-15 所示，我们从"一条实体的线可以做什么事情"开始，来探个究竟。图中上方的手绘方案取材于现实生活中的线材的功能，下方是土耳其设计师 Aykut Erol 的作品。后者将完整的一根线材，进行各种折弯等变形与扭曲工序之后，延伸成一个完整的系统，工作台、大衣架、书柜、CD 架和照明装置等都包括在内，同时满足家具在一定范围内简单移动的需求。单纯由形态来提供多种收纳与置物的解决方案，这等于是将上方图中线材在生活中的功能及相应形态集成于一"线"。由于提供不同功能的区域都从属于完整的一根线材，其形态所传递的"酷"感非常强烈。

在现实生活中，我们可以看到相关的产品，其整体或主体是由线材来完成的，如图 2-16 所示。仔细观察的话，我们会看到虽然都是线材作品，但是不同的视觉特性，是可以通过粗细、长短、数量等特质区分出来的，从而形成不同语意的心理感受。

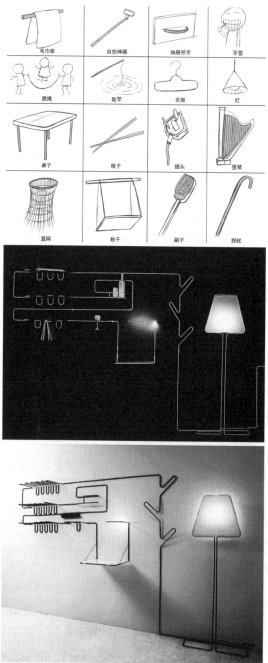

图 2-15　不同情境下，实体线材可以具备的功能及其使用方式

图 2-16　包含有实体线材的灯具形态

　　值得注意的一点是，线材本身的不同形态，也可以塑造不同情感的细节特征。选择横截面为圆形、矩形或三角形的线材，不限材质，通过组合或变异的方式来创造具备美感或个性的形态，在生活中屡见不鲜。如图2-17所示，不同横截面的线材所塑造的同一产品，会带来细微的形态风格之差别。

　　除了以上所说的实体线材所构成的产品形态外，在产品的壳体表面也经常看到线的存在。无论是借用何种工艺呈现在产品形态表面的线，有各种出现的理由，譬如有些承载一定的功能，包括散热、通风、通水及增大摩擦力等；而有的则起装饰作用，丰富形态表面层次。如图2-18所示，在各类产品中出现的表面线之形态及其用意，各有千秋。

| 虚线 |

　　所谓虚线，并非是画成一段段短线、中间有空白间距的意思，是除了实体线材之外产品形态中存在的线因子。虚线不依赖自身的形态独立存在。

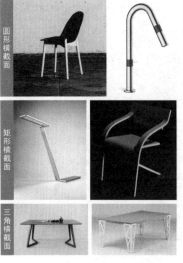

图2-17　具备不同横截面线材细节的产品形态设计

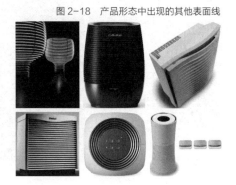

图2-18　产品形态中出现的其他表面线

好比是地面上裂开的一条缝，这条缝之所以成为视觉上的一条"线"，是因为裂开的面对地面的撕裂而造成的。所以，产品形态中的虚线，是基于其他形态元素的组合关系所得出的看得见的包含"线"的视觉元素的状态。

在实际产品中，虚线的存在形式有很多种类型。其中常见的有面和面之间的棱线（转折线）、两种材质之间的交界线、产品的轮廓线、产品不同壳体之间的分型线、产品表面的装饰线等。在产品中，这些虚线同样具有粗细、长短、位置、色彩、材质、直曲等视觉特征，带给用户不同的心理感受。

产品轮廓线，即产品的外部线条，是在某特定角度下，产品的外边缘界线。即使是同一个产品对象，从不同角度看，也拥有不一样的轮廓形状。轮廓线的形状越复杂，也就意味着产品的形态特征越复杂。如图2-19所示，

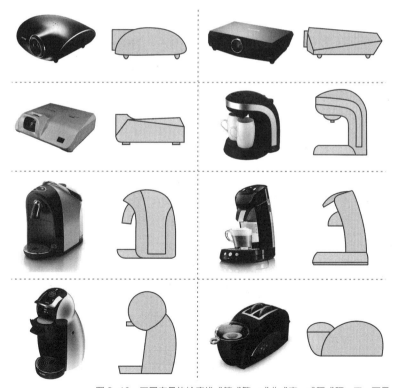

图2-19　不同产品的轮廓线或简或繁，或曲或直，或阴或阳，不一而足

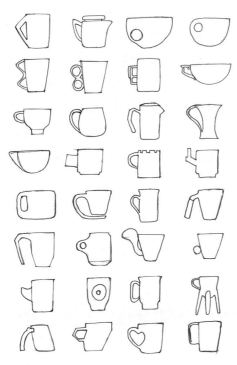

图 2-20　同一视角下有着不同轮廓、传递不同意味的带把手杯子侧视图

图 2-21　小米家族的许多产品，其形态轮廓线均以直线与平面为形态原型

我们可以看到，不同产品，在同一视角下，不仅有着不同的轮廓线，也具备因形之不同而产生的情感之不同，或顺达通直，或旖旎缱绻。如图 2-20 所示，同样是带把手的杯子，可塑造不同的产品形态。在同一视角下，有曲直风格迥异、软硬性格有别的轮廓线表现。仅从视觉表象上而言，如同小米系列的产品形态设计一样，如图 2-21 所示，现代产品的形态基本上都以简洁明快、源于矩形或圆形等最基础几何元素的轮廓线设计为主，再辅以中性尤以白色为主的配色，走形而上的形态设计之路，非如此不足以称之为"现代风格产品"。

产品分型线是指，产品的不同部件有时候需要拼装在一起以组成一个封闭或部分封闭的空间，通常都以包裹住内部结构的壳体为主要表现形式。

各个部件之间的线叫做分型线，体现在壳体上，会有一条明显的凹陷于其表面的细线。分型线所处的位置通常都有细小的缝隙。这条缝隙也预示着，使用蛮力，或许你可以沿着缝隙将其上下两半壳体扭开或掰开。在有些产品表面，不只为了拼装部件，还可以在产品表面塑造层次、加强变化所形成的线，这也是分型线的表现。我们可以在各类产品形态中，阅读到分型线所带来的壳体接合方式与微妙情意。如图 2-22 所示，是文具使用的密码锁产品设计。窥见其整体形态与分型线具体位置及形状，黄点所标注的位置就是分型线。分型线是密码锁上下壳体接合之后所衍生的虚线，而非实体线材。分型线诞生的方式，为上下壳体内部的插接机构形态。密码锁

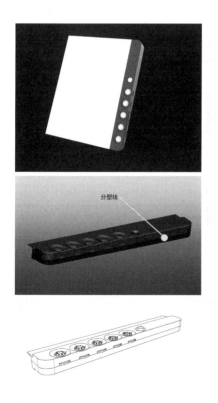

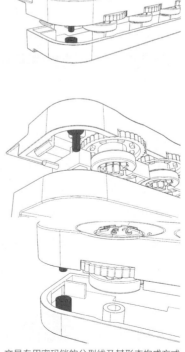

图 2-22　文具专用密码锁的分型线及其形态构成方式

产品的壳体接合方式，是基于红色与蓝色零件形态的插入关系形成的。图
2-23 所示，是车载设备的形态设计，分型线也在黄点标注处。通过卡扣
的方式，橘红色的矩形体要卡入蓝色的缝隙中，使得上下壳体紧密接合。
所以，由以上两个范例可以知道，分型线的诞生，很大程度上，是基于壳
体接合而衍生的，暗含着结构的语意信息，也暗示出壳体连接部位的分型
线，是装配产品的关键所在。

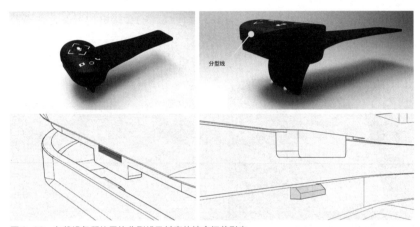

图 2-23　车载设备所使用的分型线及其壳体接合细节形态

2-04　面面俱到 | SIDE

折纸是一门艺术，当你在惊叹这些巧夺天工的形态时，是否想过，这些形态是如何借由一张平面的纸，经过哪几个步骤剪裁折叠而成的？

日本已故的折纸艺术大师吉泽章是世界公认的现代折纸之父。

第二次世界大战结束后不久，吉泽遇到了影响了他人生的事件。一家杂志期刊的编辑要求设计与制作黄道十二宫的图像，需要用折纸的方式来呈现。有人向他推荐了吉泽章。

　　吉泽接下了这个任务，被安排在一家旅馆里。他席地而坐，堆叠得高高的彩色纸堆层层包围了他。终于，吉泽章的黄道十二宫造型通过折纸的方式制作完成，视觉效果惊人地好，引起日本全国的轰动。1955 年，在荷兰阿姆斯特丹市立美术馆，吉泽章举办了个人折纸展，展出作品全部经由手工折叠完成，不用任何剪刀等剪裁工具。折纸作品种类繁多，造型传神，吉泽章的展览引起欧洲的震动，参观者络绎不绝。

　　吉泽章说，他花了 23 年的时间，终于研制出来蝉的折法。当他将折好的蝉置于手中凝视时，他仿佛"正在看着生命的奥秘"。

　　如图 2-24 所示，我们可以从中体察到吉泽章的巧思与匠艺。一张长方形的纸，经由单纯的折叠工艺，能够形成这么多活灵活现的形态。这就是"面"这种视觉要素，借由各种加工之后，可以去往的无限通途。

　　有一个地方以剪纸艺术闻名，那就是陕西安塞县。安塞县的剪纸艺术

图 2-24　日本折纸艺术大师吉泽章的折纸作品

世称"安塞剪纸"。安塞剪纸不仅造型美观，裁剪精致，而且具有深邃的历史文化内涵，被誉为"地上文物"和"文化活化石"。安塞剪纸常用的装饰图案，被称为"古时花"。如图2-25所示，安塞剪纸风格淳厚凝炼，线条粗犷明快，寓意单纯质朴，充满对幸福与平安的渴望与希冀。1982年中法友好协会邀请安塞名剪李秀芳大师赴法访问交流。李秀芳在法国雷恩市国际博览会上现场表演了剪纸艺术，令法国市长惊讶不已，拿起她的剪刀反复观察，怀疑其中暗藏了什么魔法，竟能在这么短的时间内，剪裁出如此精湛古朴的艺术作品。

经过折叠，栩栩如生的可爱生灵诞生了。经过剪裁，古意别致的人文装饰展开了。无论何种作品，其来源都是一张平面的纸。

一个面，可以做什么？最简单的，就是拿起笔，在纸面上画一只蝴蝶，画一朵花；或者拿起剪刀，对着一张平面的纸，来做各种剪裁与折叠，使其成为浮雕或立体作品。想得再多些，还可以拿各种刃具，对纸张的表面进行刮削，将光滑的表面凿出粗糙的质感。正是因为纸张柔软，可加工性强，我们才可以以"面"为起点，做出作品。

以纸为材料，以各类画笔、颜料、钝器或刃具为工具，就已足够做出各式手工，如图2-26所示。无论何种花色或物品，都能够显示纸可以加工成许多形态。那么，有什么形态，是纸不能制作的吗？以重量在80g至

图2-25　安塞剪纸艺术作品

250g 之间的卡纸来说，想要制作一个球体，表面非常顺滑，见不到一丝褶皱或折线，单凭手工制作，是一个难题。除非你换用其他的纸材料，辅以更为专业的加工设备，否则，你只能着眼于直线与平面、以折线为支撑的曲面体的手工制作效果。同时，纸张不能承重的特性也广为人知。可是形态的改变，也可以增强纸的抗压能力等各种性能。将纸张折叠起来形成"瓦楞"的边缘，纸的承重能力，会相应提高。

出于对环保的重视，以及对可再生材料应用的实验，越来越多的纸质产品应运而生。如图 2-27 所示，上图是 Refold 便携式硬纸板创意桌子的设计。Refold 是一款用瓦楞纸板制作的便携式家具设计，一套移动办公桌子。它曾经获得过红点设计奖。用户如果对办公空间有着自己独特的要求，随时随地可以被满足。从可搬运携带的纸张变成一张工作

图 2-26　用纸进行剪裁与折叠，可以衍生出丰富的抽象与具象作品

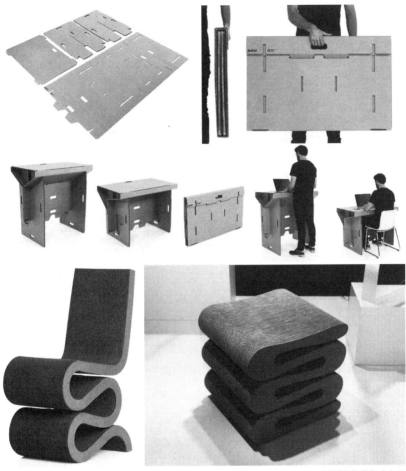

图 2-27　以纸为材料制作的各类产品

桌，只需要两分钟。下图是 Frank Gehry 以厚纸板制作的 Easy Edges 家具系列。这款设计，距今已有 23 年的时间。1972 年问世的"Easy Edges"系列纸板家具为日后的纸类材料的家具设计奠定了基础。纸板被特殊的技术热力拉成 S 形，无需结构元素，60 层纸板外镶嵌着纤维板边框，美观耐用，坐感舒适。

接下来介绍其他材料的"面"。

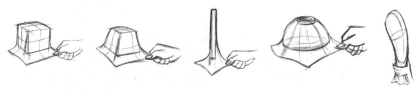

图 2-28　裹以不同形态物品之后的手帕"面"的变化

　　木材、塑料、金属、玻璃等，都可以塑造成面，也称为"板材"。这些板材，无法像纸一样可以经手动塑形，但是它们一样可以塑造出形色各异的形态。且因为材料视觉质感的不同，传递出更为丰富的语意。所有可以用来作为塑形起步、作为"平面"的材料。在自然界当中，没有理论上的直线构成的平面。在设计形态时，一个新的面的诞生，往往都是由面的变形、面与面的交接或剪裁完成的。用一块手帕裹上不同形态的物品，再紧紧攥住手帕的边缘，可以看到，平面的手帕被束紧之后，所呈现的各类直棱体与曲面体的表面，这就像是产品的壳体一样，有无限种可能的发散形态，如图2-28所示。

　　面是由线的运动形成的二维空间。将线条沿着某条轨迹移动，就可以形成面。同时，面也可以理解为是由线封闭而成的。封闭的轮廓线规定了面的形状，而轮廓线的走向也决定了面是立足于二维还是三维空间的。面既可以单纯存在于二维空间中，也可以经由折弯等处理手法，跨越单一平面而出现在三维空间中。绝大多数产品形态中都包含着面，无论其是保温杯和矿泉水瓶的曲面，还是调色板、文件夹和桌子所包含的平面。我们将在产品中出现的面，称为"面片"。涉及模型制作材料时，又可将其称为"板材"。

　　没有厚度单位的平面，在现实生活中并不存在。作为形态美学的造型要素之一，面可分为几何形、有机形、偶然形和不规则形等。从形态上来讲，面是充实的，然而若将其视为透明的，将更富有创造想象的意味。

　　在三维平面中，面的构成有如下几种形式：

　　由直线构成的面：这类平面完全由直线组合构成，安稳坚固、简洁明快、干脆硬朗，给人带来纯粹简约、理性的心理感受。尤其是正方形，使人感到肃穆端庄、典雅文静，是具备十足稳定感的典范，天生散发出有序感。梯形构成的面富于生动变化。因为增大了和地面接触的长度，正梯形具备很强的稳定感。而倒梯形则相反，头重脚轻的比例带来轻盈的动感。三角形面给人以尖锐与冲动的感觉，是一种最容易被人感知的图形。

从体量上而言，这类平面也具备纤细、挺拔等视觉特征。与此同时，平面的边线数量越多，就越趋近于曲面。我们可以在许多产品上，看到面材构成的视觉要素，面片可以封闭，也可以呈现开放状态。如图 2-29 所示，这是由佐藤大领军的 Nendo 工作室为 Arketipo 打造的一款杂志架，搁置在墙角。杂志架的形态颇像一个普通的盒子，被分成三个互补的空间。当你放置杂志的时候，顺手让杂志滑入存储空间，这面向一个微妙的用户需求，即随心所欲轻松地达到放置目的的需求。从形态上而言，它是纯粹的直线和平面所构成的样式，安静、规则而有序。被旋转了一定的角度后，还创

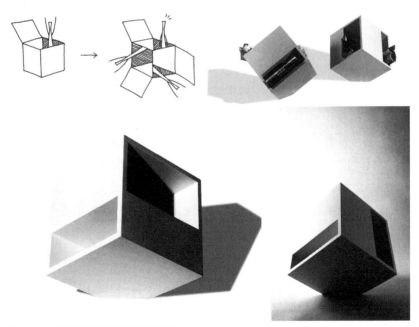

图 2-29　包含有平面面材要素的产品形态

造了被地面埋入一部分的视错觉。

此外，将二维平面中的面片通过折叠、折弯等方式使其形成三维空间中的面片形态，形态的视觉特色将变得更为丰富。面的转折在产品中也屡见不鲜，由此而产生的平面与平面的边线接合处，加入倒角，使得平面产生新的心理感受，摆脱了单一、纯粹而理性的气质，将尖锐的冲击力和戾气化为具备缓冲力的圆润形状，形成更为稳固安定的"软着陆"般的形态特色。这种基于面片或板材折弯之后所出现的倒角之细节形态，我们可以视之为面与面之间的过渡细节形态。

单纯以面片为主要形态而存在的产品，具备流畅个性。所以，面片本身，也具有完整的造型能力和功能实现能力。

由曲线构成的面：在圆、椭圆或自由曲线内部填充形成完整的曲面后，无论是球面、圆柱面、圆锥面、圆环面还是螺旋面等，形态特征上都显得动感十足，并呈现流淌般的视觉感受，或珠圆玉润，或流水潺潺，常常给人以饱满、柔和、亲切、圆润的感觉。

曲面的柔缓线条，与平面相比，更显温柔缱绻。曲面上曲率的变化会改变曲面的形态特征。曲率的变化倘若很均匀，曲面就会平缓顺滑而无陡变，内敛矜持。如果曲率的变化激烈，则曲面的视觉特征就会显得动感十足，性格外向。两个曲面有了交叠，曲面相交而成的交线，就成为曲面形态的特征曲线，经常在表现草图中以典型的表面结构线显示出来。所以，如果曲面之间的过渡非常平缓，那么这些特征线，几乎像是融化在曲面里，无法看到。

柔和的世界温润人心。温馨与浪漫的味道，经由以曲面形态为主体的产品散发出来。在面向女性的特定产品领域，我们经常看到其 LOGO 笔触纤细悠扬，笔画平缓卷曲。从某种程度上说，曲线与曲面，比较容易被赋予女性色彩。而平面的男性象征则由棱角分明的形态特征传递出来。生活用品在设计其形态时，如果打造成圆润憨厚的风格，会变成一剂治愈系的良药，缓冲快节奏，释放工作压力，使人产生一种心理上的安全感与温馨感。这也是为什么微博里面最受欢迎的主题，圆滚滚的萌物们总是其中之一的原因。正如德国设计师克拉尼所言："自然界不存在直线。" 在某种程度上，曲面是"师法自然"的写照。面对单调、现代、理性的器物，更柔软的心境，由带有流畅、温润曲面的产品形态制造。这就是曲面形态的情感。平面与曲面形态并非总是各自存在，曲面形态不否认平面的理性。两者结合的形态设计比比皆是。

　　玻璃的曲面因其材质令人痴迷。在光照的效应下尤为流动与多彩多姿。最知名的玻璃曲面形态之一，是芬兰设计师阿尔托所设计的花瓶，如图2–30中的上图所示。第一款花瓶的诞生时间距今已有68年的时间，由于当时技

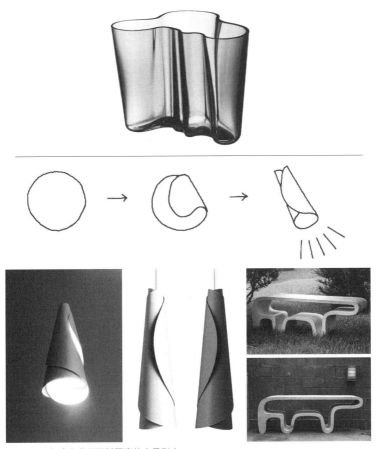

图2–30　包含有曲面面材要素的产品形态

术与原料欠缺的缘故，无法生产出完全透明的玻璃，所以花瓶会表现出淡淡的绿色。那时候的花瓶，瓶口主要以圆形和方形为主，当这款拿湖泊外型设计成花瓶瓶口的产品面世时，阿尔托不会想到它日后会成为芬兰自然派作品的典范。正由于瓶口形状不规则，将花束插入瓶中时，不需要费心摆置鲜花，只需让其四散开即可。在光线的照射下，玻璃曲面散发出迷离的气息，令人驻足。

金属曲面的效果可以传递出洗练刚硬的质感。Maki 吊灯是来自日本知名设计公司 Nendo 的作品，两片弯卷的钢片相互交叠形成，灯光从仿如卷纸漏出的间隙中缓缓倾泻出来，自然而极富诗意，如图 2-29 中的中图所示。

木材曲面的自然亲切性更为"源自天成"。设计师 Daniel Lewis Garcia 设计的一款仿生家具作品，如图 2-29 中的下图所示，来源于憨态可掬的北极熊。将北极熊的轮廓线抽象成一个曲面，并与人们日常生活用具联系到一起时，枯燥的生活也开始显得轻松起来。

玻璃、塑料与木材曲面所构成的不同观感的产品形态，有着各自独特的自然、有机与温馨的风味。同样的曲面，经由不同的材质展现，将焕发出不同的风采。

曲面形态曾经在一段时间内，成为人们争相追求的设计形态。在 20 世纪 30 年代，美国国内的流线型形态设计此起彼伏，制造了一场浮夸的盛宴，非流线曲面不足以体现速度的激情与技术的伟大。那时候的曲面形态已达几近滥用的状态，走上"形而上"的道路。事实上，流线型是因其以空气动力学为基础的技术原因而出现，并非纯粹为了展现流畅的气派而诞生。

与此同时，我们需要注意，曲面也是相对符合人机工程学目标的一种形态，曲面形态的人机性可以为我们的工作和休息提供良好的体验。譬如坐具的靠背，以尺寸与结构为切入点设计的靠背形态，能使人在工作时，脊柱接近正常的自然弯曲状态。否则，弧度完全不符的靠背和坐面，会使加班工作的朋友肌肉载荷过大而导致疲劳。如图 2-31 所示，对木板进行热弯是常见的工艺，这里通过对平整凳面的热弯，使凳面也就是坐面更贴合人体曲线。所以，形态扭曲是出于人机功能优化的考虑。

　　需要注意的是，很多产品形态，无论最终视觉效果有多复杂，都可以理解为是以面为基础，逐步衍生变化而来的。如图 2-32 所示，我们可以看到，这四款产品，从本质上来说，均可理解为是由面通过剪裁之后，再进行各种处理，最后演变成产品主体形态的。在这里的步骤演示中，借用了 Rhinoceros 软件来作辅助表现。

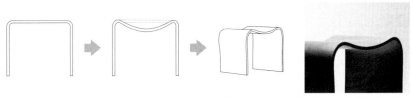

图 2-31　于中心处向下施力的坐具形态设计

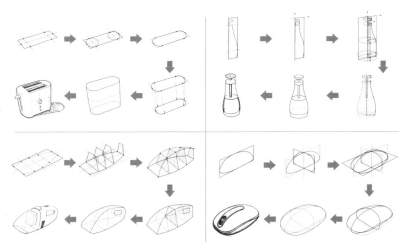

图 2-32　由面材衍生而来的丰富的产品形态

2-05 体块 | OBJECT

体块是产品形态中最常见、最基本的构成因子。将面沿着某条轨迹移动即可形成体块。在三维空间中，体具备长、宽、高三个维度上的数值，并占据空间中的一定体量。由于立体的形态是实体占据的空间，所以无论从哪个角度，都可通过视觉和触觉来感知它的客观存在。体的主要特性在于综合表现体积感和重量感。我们总是形容一个物体比较厚重结实，或者比较轻盈灵巧，都是某个或某几个维度上的数值变化所衍生的结果。产品形态基本上都是以体的视觉特征出现，有的是实体，有的则是有若干面封闭的体。

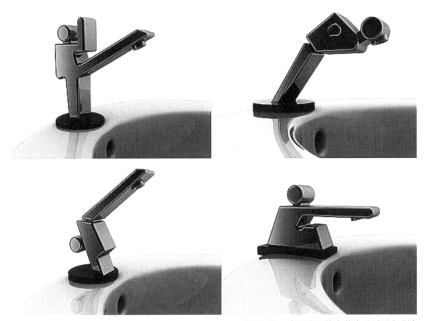

图 2-33　奥运主题的水龙头系列形态设计

　　图 2-33 所示，为运动状态系列的水龙头形态设计。虽然说产品的设计因为主题的强制性要求而与使用匹配不自然，但从形态设计的层面上来看，我们可以将其理解为基于体块的组合所衍生的构成关系。所以，这里的"体育"，指的是体块，或者说块材的构成方式及构成后的最终形态。

　　抽象几何体的基本形态种类丰富，包括立方体、矩形体、圆锥、圆柱、圆台、球体等。总的来说，体块分为直棱体和曲面体两类。通过将这些基本体块进行加减组合，可以衍生出极其丰富的形态群，其变化方式与变化结果包罗万象。

　　纵观周边的产品，我们可以轻松撷取多种以几何体为基础造型的产品形态。这些体块其实同样可以理解为是由面片拼接包裹而成的空心的体块，起包裹内部零配件和美化外观的作用。

| 直棱体 |

　　由直线和平面所构成的体块，就是直棱体。直棱体主要包括立方体、矩形体、棱锥、棱柱等基本形态。当然，这些直棱体的面与面的接合处，通常都会进行倒角，而不会有几何意义上的完全分明的棱角出现。

　　直棱体在产品形态构思中被广泛采用，原因主要在于其形态构成更适于装配、简单直接；此外，直棱体为主体的形态更易产生稳定感；直棱体是自然万物被归纳抽象与数理推算之后得出的概念形态，具有逻辑上的合理性。

　　环顾四周的产品，几乎都是以直棱体为基础来进行形态构成设计的。尤其是以包括立方体在内的各种矩形体为原型进行各种加减手法的构成，再辅以细节加工而形成的。按这种方式，哪怕是浑圆一体的产品形态，其最初的来源，也可归于一个几何意义上方方正正的矩形体。如图 2-34 所示，同样一个矩形体，我们可以按照形态加减的手法来演绎，"形而上"地一步步逼至最后的形态。

　　如果以组合与消减矩形体作为主要的构成方式来设计形态的话，我们可以从图 2-35 中得到几种形态演变的范例。图中的剪切线暗示着构成形态最重要的剪切轨迹。需要强调的是，这里的形态，很可能均为壳体形式。仅从视觉层面而言，将里面的内部结构元器件等要素暂时隐蔽，我们单纯地视之为"体"。就好比将其视为橡皮泥，用美工刀来进行各种修剪制作。

　　在应用组合与剪切的手法来作基于矩形体的新形态变化时，有三种方式。常见的方式如图 2-36 所示，以天马行空的方式自由加减，只需要注意透视的基本准确性，就可以塑造出千奇百怪的形态。第二种方式是如图 2-37 与图 2-38 所示，基于网格，即给矩形体进行表面辅助线的分割，将其有序等分成若干单元体之后，再进行切割，这种方式有助于养成注重比例尺度的习惯。第三种方式是，如图 2-39 所示，撷取现实生活中的产品，将其想象并转化为由直线和平面所构成的形态，并加以表现训练。这三种方法切

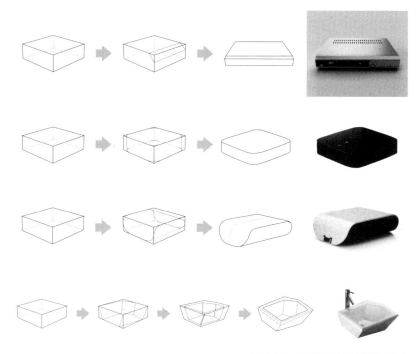

图 2-34　源于矩形体的产品形态构成

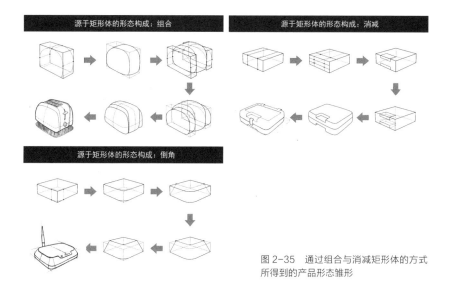

图 2-35　通过组合与消减矩形体的方式
所得到的产品形态雏形

图 2-36   矩形体的自由式加减构成训练

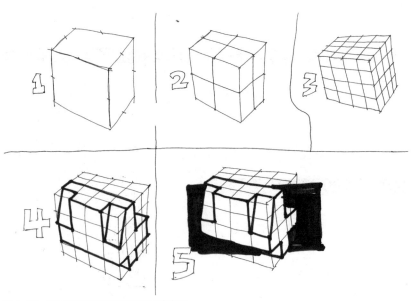

图 2-37   矩形体的网格式加减构成训练步骤

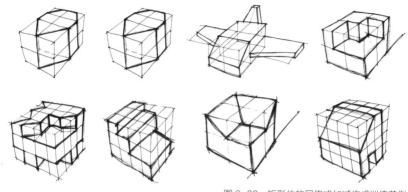

图2-38　矩形体的网格式加减构成训练范例

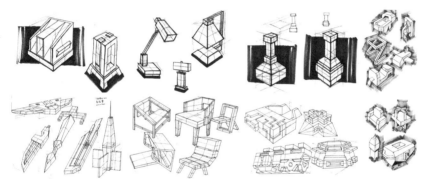

图2-39　矩形体的现实产品转换式加减构成训练

入点不同，可理解为递进式的、以矩形体为出发点的形态构成训练方式。其中，第二种方法注重有序的比例尺度，而第三种更有效，在进行矩形体形态构成时，其构成意象已逐步向实际产品的形态靠拢，有助于培养形态分析观。

| 曲面体 |

　　曲面体更具灵动性，处于动态变化中。圆锥容易将人的注意力引导到中心点；球体用最少的表面包围了最多的体积，具有经济性。不规则曲面

则蜿蜒曲折，处处彰显活力。

形态主要由曲线和曲面所塑造的体，包括规则的球体、椭球体、圆柱、圆台、圆锥、不规则曲面体等。如图 2-40 所示，许多产品形态都可以通过一系列的构成步骤，由圆形演绎成各类以球体为基础的形态构成。

由图 2-41 可以看到，基于规则与不规则曲面体的形态构成，同样可以通过加减等方式，演变成各类产品形态的雏形。

当我们在利用矩形体进行构成训练时，也可以通过"转曲"的方式，将刚正不阿的形态特色转化成带有柔润细节的倒角形态，如图 2-42 所示。现实生活中的产品，是不存在面与面之间完全锐利而不带有倒角的情况的。

当我们以一个平躺在桌面的长方体为雏形，对其进行轮廓线转曲之后，

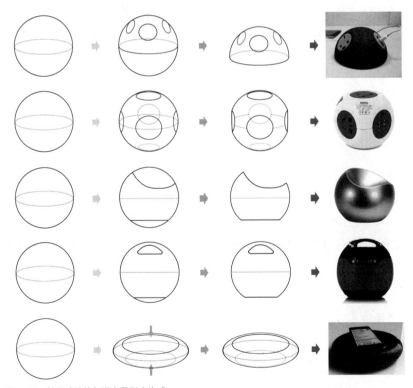

图 2-40　基于球体的各类产品形态构成

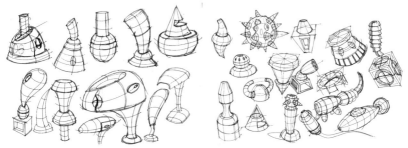

图 2-41　基于各类曲面体的产品形态构成

图 2-42　各类基于长方体的构成形态的"转曲"

我们同样可以得出各类新形态，是从原长方体的扭转、变形、压缩等方式
演变而来。这也是一种寻求长方体与曲面体之间有机关系变化的形态构成，
就像图 2-43 中展示的那般，主图是三维形态，而位于每一张主图右下角的
则是经过各种"转曲"之后的截面形状。

| 啮合 |

分久必合，合久必分。

形态的啮合，其理念最早可追溯到太极图，是从"正负对比"的概念
中衍生而来的。不同的形态之间，具有可以啮合的接触界面，是一种特定
的数学形式，可加可减，又称之为"形态契合"。类似于插头与插座交互
的凹凸形式是最明显的一种啮合情境。一般而言，在形态与结构两个层面，
啮合的设置非常常见。最典型的就是榫卯工艺，通过组件之间的阴阳啮合
来完成组件的巧妙接合。榫卯结构是基于构造的问题，所以这里的啮合是

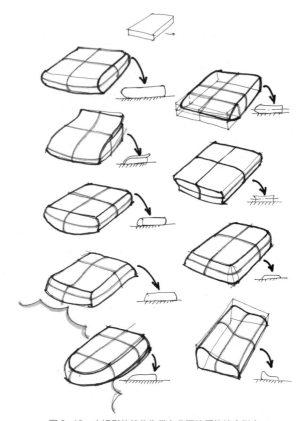

图 2-43   由矩形体转化为带有曲面性质的综合形态

有其功能效应的。啮合双方独立的形态形成完整的统一体后，可以达到扩大功能价值，节约材料与空间的目的。

如果将概念范畴再扩大一些，将用户与产品之间的关系也视为一种啮合，也未尝不可。无论是鼠标壳体曲面与人手之间形态的匹配，还是人机之间磨合度的高低，在某种程度上都是啮合紧密性的体现。

形态啮合常应用在家具设计之中的原因，与空间居室面积有关。在形体分合的过程中，既可能出现一物多用的情况，以达到"物尽其用"的效果，体现丰富多变的效果，又能进行组合，产生新的作用或延伸原有功能，进一步节省储存空间，在互联网时代尤其适应物流的需求。由于分合的过程具备一定的趣味性，将其用在儿童玩具设计的情况也颇为多见。小孩子通过拼合与拆分，可以提高动手与思考能力，有意识地引导其避免娱乐之后让杂物散落一地的情况发生。家具与玩具作为形态啮合的两个常用代表，是有其渊源的。七巧板就是来源于古代传统家具"几"的构思。古人根据来客的数量多寡，来进行各种形状的拼桌。

在进行啮合形态设计时，需要综合考虑整体形态、分件形态与整合方式三个要素。正是因为啮合的缘故，对任何一个要素进行改动，都会牵一发而动全身。如果只是视觉上的倾向，而硬生生地将一样物事人为分割成正负或凹凸形态，并无必要。附有啮合之美的形态，应该带有巧妙的功能、使用的匹配考量，而非纯粹基于形的无限切割。换句话说，形态的美感，不是单纯"看"出来的，还应该是舒服"用"出来的。形态啮合的关系是为了完成某种理性基于功能与使用的使命而存在，并非只是形态之间单纯的套叠关系。

从设计层面上看，我们再对形态啮合进行一个梳理归纳。

一款或一套产品的形态设计中，存在着两种主要的啮合情境：

第一种啮合关系，由可以分解拆开的对象共同构成，可以出现在一款产品本身的部件之间，也可以出现在一套产品系统的分产品之间。无论分合，独立的单体与整合之后的整体，都具备功能性，分合均可使用。如图2-44所示，设计师奥拉·雷诺兹（Orla Reynolds）带来的As If From Nowhere多功能书柜相信会吸引你的眼光。这款有趣的书柜巧妙地嵌入了四张餐椅和两张桌子，被嵌入的桌椅注入缤纷的颜色，为书柜增添了几分灵动。这种嵌入的关系，非常适合设置在狭小的空间里，在客人纷至沓来的时候，它们可以抽取出来，变成一套完整的"餐饮家具"。图2-45是法国设计师帕特里克·乔安（Patrick Jouin）设计的锅具，长柄内凹，与汤勺形态相互契合，且保留优雅的曲面样式，配色朴素，也是产品之间形态啮合的典型范例。

如果说以上两款产品是不同产品之间的形态啮合的话，我们也能发现许多套装产品中，包含具备啮合特质的产品组件。最典型的便是乐高玩具

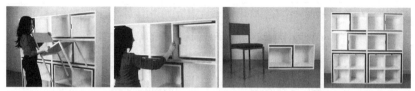

图 2-44　将坐具嵌入书柜的形态设计

图 2-45　应用形态啮合而实现的附带勺子的锅具

图 2-46　Philippe Nigro 设计的多功能家具形态 "Inseparables"

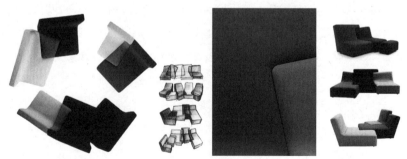

图 2-47　Philippe Nigro 设计的多功能家具 "Confluences" 沙发

凹凸啮合的拼装过程。图 2-46 和图 2-47 所示，是出生于法国尼斯的天才设计师菲利浦·尼格罗（Philippe Nigro）的两款拼装式家具作品。由他出手设计的家具，功能都不只有一种，而是尽一切能力来让其"物尽其用"。菲利浦·尼格罗的名言便是："多功能是一种生活态度，怎么用这个家具，比怎样设计更重要。"所以，他的设计态度，经由图中家具的设计及使用方式，展现得淋漓尽致。图 2-46 中显示出茶几与沙发以啮合的方式相嵌；而图 2-47 中则展现出拼接的乐趣，单独的沙发会少一个角或者多一个角，而拼接之后，可以是单人的沙发或床。明快不单一的颜色，增添了拼接的愉悦性。

　　第二种啮合关系，出现在一款产品身上。这款产品可以通过折叠、旋转等方式改变形态，从而完成部件组成整体的过程。在改变前后，产品情境有所不同，通常在形变之后，才能开始使产品发生作用。除此之外，产品的组件不能脱离拆分主体。如图 2-48 所示，上方是名为 Pivot 的抽屉

图 2-48　通过折叠实现分合状态的储物空间形态设计

柜，可以通过旋转的方式来实现三个抽屉视觉上的旋转式分离，非常适合存储小件的日常用品，可以快速搜寻物品。而当它们旋转回原位的时候，又通过共线的方式，啮合回了完整的形态。而下方则是法国设计师 Arnaud Lapierre 设计的一款别具一格附带有储物功能的室内门。如若不开门，很难查知其收纳作用到底体现在哪里。唯有开门之后，方能觉察到形态啮合所创造出的天然挂钩之所在。

　　第三种啮合关系是指一些产品形态，从视觉上看具备啮合关系，但却是不能再重新整合成整体的，同时组件也无法从整体中剥落，更无法通过折叠或旋转等来发生形变。啮合关系只是视觉上的效应，而无可分之虞。换句话说，表面上产品现状是起始于一个整体的切割，但切割好之后，视觉上的部件其实是连接的，无法分开。这是一种基于审美层面而做的形态设计，很大程度上是为了塑造形态的统一完整性，是一种灵巧的整体体现。需要注意的是，这种情况多出现在面材构成的产品中，因为面材切割之后的重构，有非常浓郁的"脱胎于组织，而不脱节于组织"的味道。如图2-49 所示，这一系列简洁的产品来自法国知名沐浴品牌 Compagnie de Provence，是一套浴室用收纳小品。15cm×15cm 大小的正方形钢板，通过各种切割与折叠的方式，进行新形态的塑造，并基于形态来提供各种置物的方式。类似这种形态的塑造，就像是从母体中分离出子物件，依然保有正负形的关联，但成型之后，即为形态的终止，而不会在使用过程中恢复原位。

图2-49　通过剪裁与弯折的方式所塑造的具有啮合特色的浴室用收纳产品

所以，我们可以得出的结论是，形态的啮合，尤其构成上的巧妙可以引起趣味性。但更重要的是，啮合形态的存在，使得材料的合理利用、空间的节省、资源投入的减少、携带的便利性等设计要点，或多或少得到满足，由此来构成一种物与物之间、人与物之间的和谐共存状态。

| 变形 |

产品形态除了通过加法和减法进行构成外，还可以运用其他方式进行变形，从而为产品形态增加更多可塑性与活力。

一般的产品形态在整体或部分上具有自己的轴线，轴线引导形态的发展趋势，对产品形态的塑造起着重要的作用。适当地变化形态的轴线可以使产品形态在整体或部分上产生变化，为产品形态注入新的特征，使元素更丰富。

如图 2-50 所示的两款产品，改变产品的中心轴线，可以使音响的出声面略微上扬，从而更好地适应人机关系，使产品在使用时得到更好的音响效果；同样出于人机的考虑，通过变轴使得操作屏幕也上扬一定角度。如图 2-51 所示，这是一款创意杯子，通过倾斜式倒扣可以沥出内部的水滴，

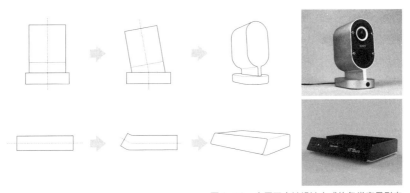

图 2-50　应用了变轴设计方式的各类产品形态

不容易积聚在底部。此时，产品形态的变轴，为创意功能的实现提供了可能。

如图 2-52 所示，端端正正的椅子会显得过于死板，缺乏活力，而让椅子后背的轴线发生变化，会使椅子整体重心略微前移，让使用者坐在椅子上向后靠时具有很大的安全感，同时也增加了椅子的动感与活力。而如图 2-53 的书柜看起来好像有一半埋在地下，这样的变轴，纯粹是出于趣味性的考虑。

图 2-51　通过变轴起到具备健康考量的水杯形态

图 2-52　通过轴向变更传递出动感的座具形态设计

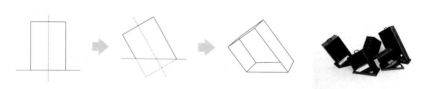

图 2-53　通过轴向变更塑造出视错觉的柜体形态

2-06 加法 | ADDITION

通过观察可以发现，通常我们身边的产品形态很少有直接使用单一抽象形态的，大多数是通过某种相加的方式来构成最终的产品形态雏形。这样的构成，一定程度上是出于产品生产制造过程中材料、工艺、经济等方面的考虑，同时也是为了更好地实现产品的功能。通过加法组成的产品形态，各部件之间也会应用诸如统一或对比等形式法则，这些视觉特质一般都通过产品表面的配色、材质质感以及产品形态的结构分型线来综合实现。

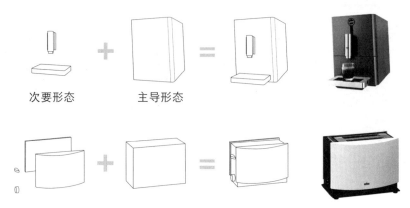

图 2-54   产品形态中的主导形态和次要形态

与抽象形态相同，通过加法组成产品整体雏形的几个单一形态，可以根据形态的大小、比例和组合关系，对其在产品形态中的主次关系进行排序，相对主要的叫主导形态，相对次要的叫次要形态，如图 2-54 所示。主导形态对整个产品形态的特征具有主导作用，而次要形态则对前者进行附加装饰，使产品形态更丰富。一般而言，操作界面等人机交互的界面、机能面及其周边，都是次要形态细节设计的重要区域。出于产品形态的丰富性考虑，产品的形态可能不止两个部分，在主导形态和次要形态之后可能还存在着更为次要的附属形态。当然，无论产品形态由多少部分组成，形态之间的主次关系都是相对而言的。在一定程度上，主体形态决定了整体形态的风格，而次要与附属形态则表现出细节形态的精致性。

几何抽象形态之间存在多种构成关系，其中由两个及以上的形态进行组合的构成方式，我们可以称之为形态的加法，或称之为形态的组合。应用加法来进行形态设计的前提，便是这件产品需要有不少于两件的形态组件。

不同的几何形态具有各自的几何特征，通过形态的加法进行新形态关系的确认，既拥有一部分原本形态的几何特征，又能通过组合形成一些新的形态细节。形态的加法有许多种不同的方式。而不同方式的综合应用，

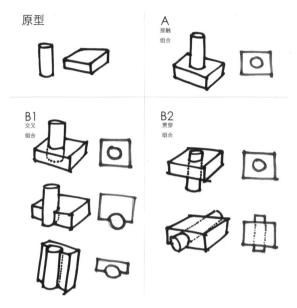

图 2-55　两种组合方式示意图：A 是接触组合，B 是交叉组合，其中
B2 是贯穿组合。

又可以衍生出无限的新形态。在形态构成中，基本的加法类型主要包含接
触组合与交叉组合，如图 2-55 所示。

| 接触组合 |

　　接触组合，即几个抽象形态之间互
不相交，而仅通过表面直接连接在一起形
成的新形态，也可以称之为邻接式组合。
在接触组合构成的形态中，体量大的部分
可视为主导形态，支配着组合中的其他元
素形态，并成为最终产品形态的决定因
素。图 2-56 中的北鼎 K206 电水壶荣获

图 2-56　各部件之间采用了接触组合
方式的电水壶形态设计

2014 德国红点设计奖，采用韩国浦项 304 不锈钢作为水壶工艺原料，全身零塑胶，电水壶的把手选取了精铸铝合金材质，轻便而坚固耐用。从整体形态看，电水壶的把手、壶嘴与壶体之间，采用了直接接触的组合方式。

在接触组合过程中，各组合部件之间没有交叉或相融，应用铆接、黏结、螺丝固定、焊接、捆绑等连接方式组合而成，各部件仍然保持其原来的形态特征。如图 2-57 所示，中国传统的榫卯工艺中，无论榫接的具体结构形态与方式是什么，榫接之后的整体形态，从视觉层面来说，都属于接触组合。

此外，接触组合也可以是产品可分合的使用状态，如常见的沙发组合，可以组合成大沙发，也可以分开成单独使用的大小沙发。在组合时，沙发间也可以形成紧贴相连的接触组合。

接触组合关系中的各个形态部分相对独立完整，相互之间不存在过渡关系等互相影响视觉感知的要素。如图 2-58、图 2-59 所示，这两款产品

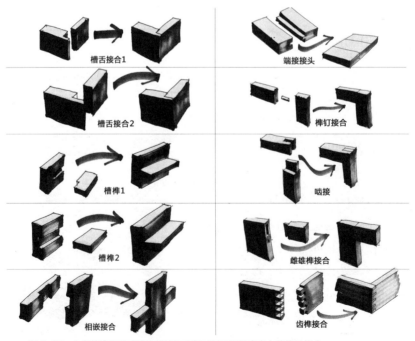

图 2-57　大多数榫接形式所构成的形态都可属于视觉意义上的接触组合

　　形态的各部件之间所呈现的主次关系较为明显，各自的功能也有所不同，因此相互之间可以在直接接触的基础上，通过材质与配色来形成对比。

　　然而图 2-60 所示的这款产品则相反，虽然产品整体形态由多个组件构成，也通过体量大小展现出主次关系，但各自之间没有明显的功能差异，再加上整体形态意在塑造人们耳熟能详的卡通形象，因此，通过赋予每个组件相同的材质与配色，将原本独立的组件形态包装得完整统一。

　　如图 2-61 所示，这款相机整体由主导形态机身和次要形态镜头构成。

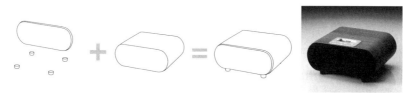

图 2-58　材质与配色具备差异的接触组合

图 2-59　材质与配色具备差异的接触组合

图 2-60　相同材质与配色的接触组合

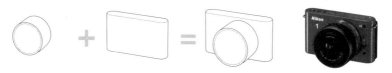

图 2-61　相同材质与配色的接触组合

这个形态同样意在将产品各部分组件通过材质与配色统一起来。然而出于镜头材质工艺等方面的考虑，只是将镜头部分配色进行统一，这样的主次效果更明显，而且环状配色为整体增加了层次感和活力。

| 交叉组合 |

　　几个抽象形态相互之间有相交的位置关系，这种加法可以叫作形态的交叉组合。交叉组合的方式为形态的设计增加了可能性。把握各部件形态的主次关系，明确主导形态、次要形态和附属形态的关系是解决整体形态有机统一性的关键。值得注意的是，交叉组合中，如果某一形态被另一形态吞噬或包容，从理论上来说这也是交叉的一部分，但从外观的视觉感知上看，被包容的组件已无从查看，所以对于这种情况我们暂不讨论。

　　图2-62中的触摸式感应加热水龙头，是一个集成感应加热系统，该系统能够提供瞬间热水及不同程度的冷却水，有助于降低用户的总耗水量。用户可以从LED的颜色上判断水龙头中水的温度。龙头与支管形态采用的就是交叉组合，龙头的一部分深入支管，有着交叉重叠的形态部分。图2-63中的杜比会议电话（Dolby Conference Phone），设有多个麦克风和高性能软件。产品前端圆形的触摸屏嵌入主机内，形成一定的交叉重叠区域。

图2-62　采用了包容式交叉组合手法的水龙头产品形态设计

图2-63　The Dolby Conference Phone，设有多个麦克风和高性能软件

　　组件形态之间的交叉组合与接触组合不同。交叉组合除了增加新的形态特征外，各部分组件之间的交接关系更为丰富。不同形态轮廓的部件之间会产生基于相交与重叠所形成的不同的相交线，从而呈现更加多样的产品形态，如图 2-64 所示，水壶由作为主导形态的壶身与作为次要形态的壶口组成，两者在形态体量上呈现出明显的主次性，而其交叉相加的关系则主要体现在壶口与壶身相嵌所形成的相交线上。由于壶身上小下大，壶口大致呈三棱锥形，相交所产生的结构线是一条柔和的弧线。

　　再如图 2-65 所示的产品，整体形态可分成上中下三部分，上下两部分形态轮廓较为硬朗，材质都为黑色塑料；而中间部分则为相对圆润的圆台，材质为高亮金属。三部分相交在一起，各部分形态之间所产生的关系也通过相交线呈现，材质配色之间的反差正好突出强调了这种关系，增加整体形态立体感，使得产品富有对比和层次感。中间的圆台形态在长方体主体的衬托下得以突出，虽然在形态大小上应属于次要形态，却在整体形态中处于视觉重心的位置。

图 2-64　应用了交叉组合手法的产品形态

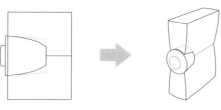

图 2-65　应用了交叉组合形成相嵌关系的产品形态

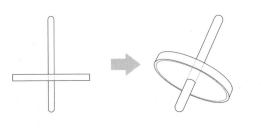

图 2-66　应用了贯穿组合的桌面灯具形态

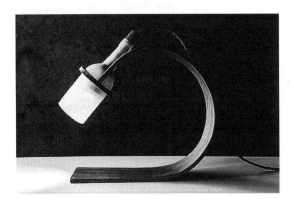

图 2-67　应用了贯穿组合的
桌面灯具形态设计

　　交叉组合的形态中还有一种类别比较常见，可以理解为一个部件形态嵌入另一个部件形态之中。若嵌入的部件形态从另一部件中完全贯穿出来，就变成具备贯穿关系的组合形态，我们可以称之为贯穿组合，属于交叉组合形态中的一种。两个形态的贯穿关系，会使得被贯穿前后的贯穿体产生视觉上的呼应关系，尤其贯穿体的配色与质感在贯穿前后保持不变，将使得产品的整体形态保持高度的统一性。如图 2-64 所示，这一形态犹如陀螺的灯具，主要由两部分构成，棍状中轴组件和饼状核心组件，中轴在贯穿另一组件前后保持相同材质与配色，整个产品形态意在突出饼状核心组件的照明区域。

　　Quercus 台灯由英国工业设计师马克斯·阿什福德（Max　Ashford）设计，如图 2-67 所示。他将废弃的酒瓶和热弯成型的木材结合起来，制作

出这盏台灯。酒瓶从木材圈
中贯穿，形态应用了交叉组
合的手法，气质优雅。酒瓶
的磨砂质感与质朴的木材纹
理，再加上温暖的光线，共
同构成这款外形简约、气质
优雅朴素的台灯。

为了让用户在寒冷的冬
季感受到温暖，设计师设计
了这一款三联体加热器，如
图 2-68 所示，它由三片电
热板组成。独特的插接方式，
使得加热器的造型别具一格，
简单的原型通过交叉形成具
备形式感的严谨仪式用品。

图 2-68　应用了贯穿组合的取暖用品形态设计

| 整合 |

在产品设计中，如果将上面提及的加法概念延伸出去，我们可以设想
到另外一种情境，那就是，产品出于收纳、整合与物流等需要，必须要堆
叠与整合起来。这虽然不是我们刚才说的形态设计中应用的加法，但也同
样是一种"加"的概念，只不过这种"加"，是考虑到产品群之间的叠加。
所以，产品如何能够高效整合堆叠与收纳，也就是产品形态设计时需要考
虑后期的"加"。这种"加"的方式，在生活中时常以套叠、堆叠、拼接、
包容等方式出现。

有些产品出于物流的考虑，会将其拆解好再进行包装，等到达用户手
中后再组合，以形成使用形态。单元体集合式的玩具就是典型的范例，通
过啮合关系进行组装，譬如各类积木、拼图玩具与搭扣式的乐高玩具等。

　　堆叠与包容，是众多产品中出现频率最多的加法。

　　来自韩国 Centimeter Studio 工作室的 Sleeed 系列椅子，如图 2-69 所示，如同超市购物车般可以在水平方向上相互嵌套在一起，最大可能地节省收纳空间，适用于会展中心、剧院等公共场所。Sleed 椅子采用聚丙烯材料通过注射制模方式制成，一体成型。弯曲的靠背朝对角线方向延伸成前腿，弯折后作为与地面接触的轨道，再次弯折则形成后腿，进而构成座位。

　　Wasara 餐具是于 2008 年设计生产的即弃式餐具产品，由绪方慎一郎及田边千三代共同设计制作，获得 2009 年亚洲最具影响力设计大奖。如图 2-70 所示，Wasara 餐具形态讲究线条的设计，让即弃餐具具备陶瓷一样的质感。10 多款餐具以和式设计为主，有圆碟、方碟、寿司用长碟及设有芥末分格的三角形碟，碟边压制成不规则的流线。餐具在堆叠之后体现出

图 2-69　可以堆叠后如超市购物车般行走的 Sleed 椅子

图 2-70　堆叠之后体现美妙韵律的 Wasara 餐具

图 2-71　伴随孩子成长而灵活增加储存空间的 Tree 储物柜

图 2-72　采用包容式组合的 Joseph Joseph 彩虹厨房工具

的富有韵律动感的流畅形态，具备极高的艺术价值。

来自日本的儿童用品品牌 chigo，自 2005 年成立以来，一直以巧妙的设计来增添儿童用品的独特风格。如图 2-71 所示，这款名为 Tree 的储物柜产品，以堆叠的方式来增加储物柜的收纳量，形态设计简洁清新。产品的最大设计点在于，根据孩子成长需要而增加存储空间。通过侧面的啮合形态让存储柜体之间相互紧密接合，以利于灵活规划空间。

Joseph Joseph 彩虹厨房工具 9 件套，如图 2-72 所示，设计新颖独特，所含物件包括搅拌碗、沥水碗、不锈钢滤网、量杯和小勺等，按照体量可以从大到小精准地包容式整合在一起，一"碗"套一"碗"，不仅能最大限度节省空间，鲜艳的色彩还可以为厨房增添新鲜明快的节奏感。

　　来自西班牙设计工作室OOO My Design的GVAL，如图2-73所示，是一把既实用又好玩的椅子，拥有干净、简约的线条，同时制作经济、简单易用。单独使用时，GVAL是一把符合人体工程学要求的舒适坐椅，椅子内完美嵌入两个单元，可以在必要时取出来作为坐凳、搁脚凳或者小茶几。这种嵌套关系，各组件被包容于形体体量最大的物件之内，我们也将其理解为一种包容式的加法关系。

图2-73　采用包容式组装的 GVAL 坐具产品

2-07 减法 | SUBTRACT

　　与形态的加法相反，从一个基本的抽象形态中剪切掉一部分而形成新的形态，这样的构成方式就叫做形态的减法。形态的减法也同样可以保留一部分原本形态的特征，通过剪切融入新的形态特征，给形态增添丰富性。

　　在常见产品形态的塑造中，减法也使用得非常频繁。对产品形态进行减法的应用，除了使原本单一的形态发生变化产生新的形态特征外，更多的是出于产品功能使用的考虑。例如，将原本尖锐的棱角加以消减并处理得圆润，以产生相对平整的功能界面，既是出于安全性考虑，又是出于塑造机能面考虑。

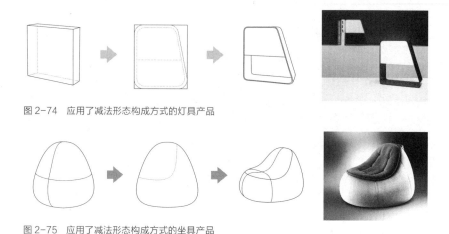

图 2-74 应用了减法形态构成方式的灯具产品

图 2-75 应用了减法形态构成方式的坐具产品

如图 2-74 所示的灯具，是通过普通的长方体剪切而形成的新形态，纤薄的外壳展现出产品的轻盈，同时突出灯具的照明区域。

又如图 2-75 所示，生动可爱的坐具通过一个蛋形剪切而来，弧形的剪切保留了原本形态的圆润，同时生成了与臀部亲密接触的机能面。

产品形态的减法具有很多种方式，相同的基本形态通过不同形态、角度、位置等的剪切，可以形成具有各自视觉特性和风格特点的新形态。如图 2-76 所示的几款产品形态都是由长方体剪切而来，这些产品的形态都保持原本形态特性，同时又形成丰富的多样性，有刚直的斜角，也有圆润的倒角，有棱角分明的造型，也有柔和平滑的过渡。简单的长方体通过形态减法，可以表现出无限可能的形态构成与风格特性。

产品形态的减法在剪切方式上与加法并没有大的区别，要对其进行分类，则需要从剪切的目的来考虑。在对产品形态进行塑造的过程中，对其做减法具有很明显的目的性，作用有以下几类：

（1）为产品更好地实现功能

产品形态通过剪切，可以形成产品的功能区或功能结构。如图 2-77 的这款音响产品，原本单纯的球体形态通过减法，使形态发生变化，单一

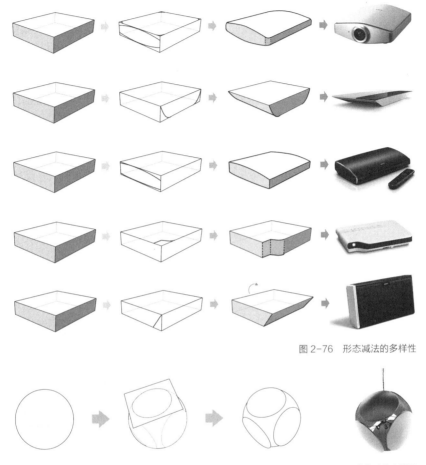

图 2-76　形态减法的多样性

图 2-77　减法形成功能区

　　的弧面被剪切之后，增添了平面元素，在保留部分弧面的基础上，使产品形态更多元丰富；剪切后同时产生了多个功能面作为音响的出声口，提高产品的出声效果。又如图 2-78 所示的投影仪和电话机，通过基本形态的剪切，形成了用于提拉投影仪的把手结构和拿握电话机的空间。除了以上功能，剪切还可以形成产品的显示区域、指示说明区域等。

　　剪切产品的形态，可以形成操作使用的界面，在使用上还具有一定操作语意。如图 2-79 所示的两款产品，分别由圆柱体和长方体剪切得到，形态的减法给产品形成了放置按钮、触屏的空间，一定程度上也在暗示使用者如何操作使用。如图 2-80 所示，这是一款高清网络摄像头产品，可以在任何办公环境下轻松使用。分析其形态，由圆柱体衍生变化而来。在圆柱体柱身上进行剪切，形成一个机能面，所有的指示符号与元器件都在该机能面上呈一条直线有序排列。形态进行剪切之后所形成的细节形态，在大多数情况下都会对原型产生破坏，或者说，细节形态会引起人的注意。在这个被关注的剪切面上进行输入输出界面的设计，从逻辑上来说，是比较契合吸引人们视线关注的行为特质。如图 2-81 中的 JBL 扬声器也是应用了减法形成操作界面的另一个典型范例，在切割面上还设置了插入手机的接口设计。

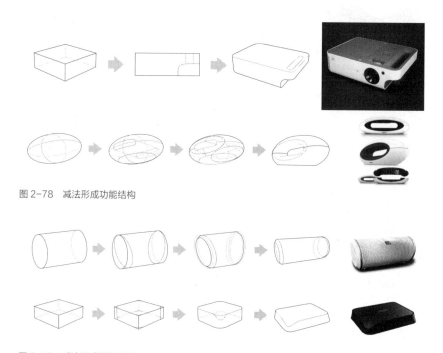

图 2-78　减法形成功能结构

图 2-79　减法形成操作界面

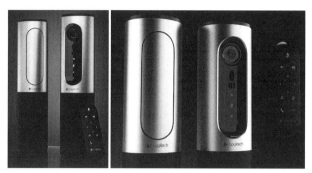

图 2-80　减法形成操作界面的高清网络摄像头产品

图 2-81　减法形成操作界面的 JBL 扬声器

　　产品形态的剪切，还有一个更简单直接的目的，就是形成支撑面，增大和地面或桌面的接触面积来提高稳定性，更宜于安放。如图 2-82 所示的音响产品，原本的基础形态是放倒的圆柱体，圆滑的曲面会导致产品无法安放在平面上，因此这样的剪切使产品产生了很好的支撑面。而如图 2-83 所示产品的基本形态是长方体，并非没有支撑面，这样的剪切目的是转移支撑面，以倾斜的状态放置在平面上，使原本简单的产品形态富有动感和变化。

　　指定一个带有盖子的长方体，可以开盖。再针对这个长方体进行减法构成的应用，尝试对整体形态与前端开盖方式做不同形态的设计，暂时不顾及尺度、比例与具体材料工艺，可以得出无限可能的形态，如图 2-84 所示。

图 2-82　通过减法形成产品形态的支撑面

图 2-83　通过减法产品形态更具动感

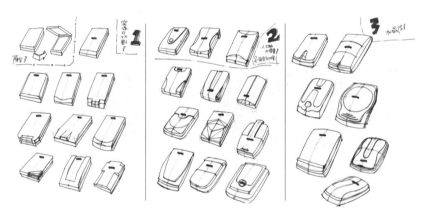

图 2-84　应用减法构成的抽象形态构成

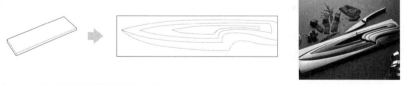

图 2-85　经由剪切手法塑造的组合刀具

图 2-86　经由剪切手法塑造的组合沙发形态

（2）使产品形态分成具有功能的几部分

通过对基本形态的剪切形成具有一定功能的几个部分，换个角度思考，就是将几个具有一定功能的产品形态组合成完整的形态。从抽象形态的构成流程来看，这属于减法而非加法。这样的剪切，可以使各部分产品形态具有很好的统一性，在收纳与整理时更方便。

如图 2-85 所示的这款不锈钢刀具组合，整体形态是一个扁平的长方体，通过剪切分成了具有不同功能的刀具，同时具有很好的收纳性。这种形态构成，也是形态啮合的设计范畴。

如图 2-86 所示，这款沙发设计是对长方体进行剪切，得到的各部分形态也具有各自的功能。从沙发中抽出各部分组件可以用作坐具和茶几，用完后将组件放回沙发内部，又可以体现很好的统一性，方便收纳又节省空间。

如图 2-87 所示，这款无叶电风扇来自英国设计师詹姆斯·戴森（James Dyson）之手。对物体做减法，增加了产品的美观性和科技感。第一处应用减法之后的效果是形成了出风口。由于出风口没有叶片，不

图 2-87   在两处应用了减法之后的戴森无叶电风扇产品形态

会覆盖尘土，或者伤到好奇儿童的手指。无叶电风扇形态因流线而清爽，因剪切而顺畅。而第二处应用减法的细节，则在底座与风扇壳体之间，为了形成过渡，而对主体做了贴合风扇壳体轮廓线的剪切，使得上下部件形态啮合在一起。

（3）展现产品形态美感

如果说前几个剪切的作用是出于理性考虑，那这一个就是完全满足感性的要求。产品形态可以通过剪切形态和剪切方式的变化，产生具有一定美感。如图 2-88 所示的这款坐具，基础形态是球体，通过剪切后形成具有一定美感的形态。剪切的截面是平面，由于球体本身的形态特征，使得剪切得到的形态同时具有平面和立体的特点，产品整体形态变得更加丰富。

从感性的美学角度考虑，很多特定弧面和形态的剪切可以带来一定力学感受。如图 2-89 所示的产品由长方体剪切而来，剪切面的弧面特性使得剪切得到的形态顶面具有一定张力，产品整体形态具有动感和弹性。

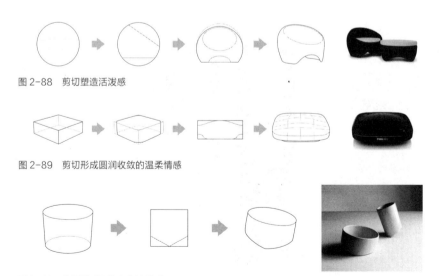

图 2-88   剪切塑造活泼感

图 2-89   剪切形成圆润收敛的温柔情感

图 2-90   剪切形成不稳定的情趣感

　　还有很多形态剪切带有一定趣味性。如图 2-90 所示，这款产品的基础形态就是简单的圆柱体，对其底部进行剪切后产生不一样的底面，使得产品在放置时会产生歪倒的趣味效果，故意塑造不稳定的情趣感。

　　通过上述的产品形态分析可以知道，减法的应用并非为了去塑造怪异复杂的形态，而是以简洁、有序的形态，来承担一定的视觉引导作用，譬如通过减法塑造的机能面，将人可能操作的各类按键集中于此，可以起到凸显控制区域的作用，同时吸引用户的目光聚焦。

　　如果有一个长方体，在固定的顶视角度对其进行切割，切割线可以不止一条，有直有曲，我们可以塑造出几种三维形态？如图 2-91 所示，每一格上方都有一个固定尺寸的长方体，在长方体之上有切割线。切割就是一种减法，同样数量的切割线，我们可以塑造出不止一种形态。而图 2-92 中，是采用各种线条来对椭圆形进行切割，并需要切割出手持部位的细节形态。同样，我们可以衍生出无限基于减法而塑造的手持细节形态。

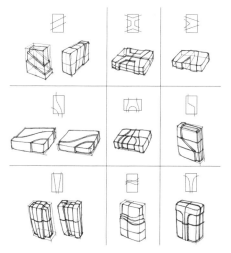

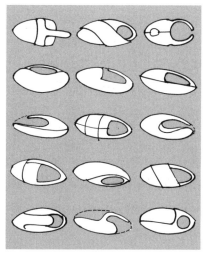

图 2-91　经由切割线塑造的形态　　图 2-92　经由切割所塑造的手持部位的细节形态

2-08 过渡 | TRANSIT

形态之间的组合需要建立联系，以避免过于突兀的连接。从审美的层面来看，这种联系或者直接粗暴，或者绵延过渡，各有不同韵味。从加工角度来看，过渡的构成可以体现出材料的属性与塑造的特征，能够展现出连接工艺的自身优势与巧妙程度。

形态的过渡包含直接过渡与间接过渡两种。直接过渡意味着形态与形态之间的连接区域，有着形体转换明细、变化简单明快的特征，但是具体的过渡方式会显得刚直生硬，并不适用于万物。

间接过渡则意味着形态与形态之间的区域，出现了第三种形态，第三种形态的头尾轮廓与原来的两个形态各自相结合，由于原先两个形态与第三种形态交接面的形状、大小可能有所区别，就会带来一系列介于头尾轮廓变化的截面，并由截面放样得出过渡形态。

无论是单一产品形态的各个面之间，还是组合在一起的不同形态之间，都存在着微妙的接触关系。从产品形态的一个面延伸到另一个面，或者从产品的一个部件形态延伸到另一个部件，都可称之为产品形态的过渡。

产品形态的过渡，对整体风格塑造有着不可忽视的作用，不同类型的过渡会使产品在细节上传递出不同的视觉特质与心理感受。当然，我们在进行形态过渡设计时，考虑的首要因素并非永远只是审美层面，而是需要与所使用的材料及其加工工艺紧密结合。

需要注意的是，有时候产品的组件之间采用直接还是间接过渡，除了考虑形态审美层次方面，更多的是考虑相关的材料与工艺的构成方式。很多时候，细节过渡的直接与间接，并非是故意设计构思出来的，而是基于工艺效果调整出来的。所以，这里的直接与间接过渡，是单从视觉要素分析得到的。

| 直接过渡 |

日本设计师贤策雄城（Kensaku Oshiro）设计了一款高脚凳产品，由 13 根棍子精密组装在一起，如图 2-93 所示。凳子与凳子之间可以堆叠在一起。细究其形态，简洁明快。构成高脚凳的每一根棍子之间，都摒弃了任何的倒角，从视觉上看，都是硬邦邦地直接紧挨在一起。这就是所谓的直接过渡的一个典型案例。

当产品形态的一个面直接转换到另一面，

图 2-93　各组件之间采用了直接过渡的高脚凳产品

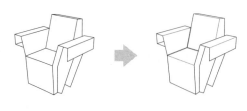

图 2-94　通过瓦楞纸的直接插接拼合得到的座具形态

或者一个形态的面直接转换到组合在一起的另一形态的面，而不经过第三个面或形态的过渡方式，就叫作直接过渡。这种过渡方式会使转换区域表现出棱角分明的状态，尤其是面与面相交处的清晰硬朗体现得淋漓尽致。直接过渡要体现出精致的设计感，对于工艺的要求非常高，否则容易显得形态及其质感粗糙随意。如图 2-94 所示，图中的坐具是通过瓦楞纸直接插接拼合得到的，产品各个面都比较平整，几乎不存在曲面，相互之间通过直接过渡连接在一起，而这种结构的本质是以插接的方式进行连接。通过瓦楞纸制作的坐具，平面相比曲面而言，具有更大的稳定性与扎实感。如图 2-95 所示，传统的置物架都是将储存空间有序切割成矩形，而来自斯德哥尔摩的设计师 Erik Olovsson 和 Kyuhyung Cho 则发挥了想象力，在长方体中挖出不同形状的孔径，其出发点在于给不同的物品创造一个看上去更加合理的存储空间。置物架具有类似积木的可以相互堆叠的使用方式，丰富的组合与不同的形状打破了家居空间原有的格局，带来一种古灵精怪的感觉。而堆叠的方式，也正是直接过渡的一种典型。

| 间接过渡 |

从现实考虑，并不存在完全的棱角，身边的产品中或多或少都存在一定程度的倒角或曲面过渡，因此间接过渡在产品形态设计中更为常见。间接过渡可以是不同轴向的面或者形态，在过渡中形成呼应衔接的效果。如

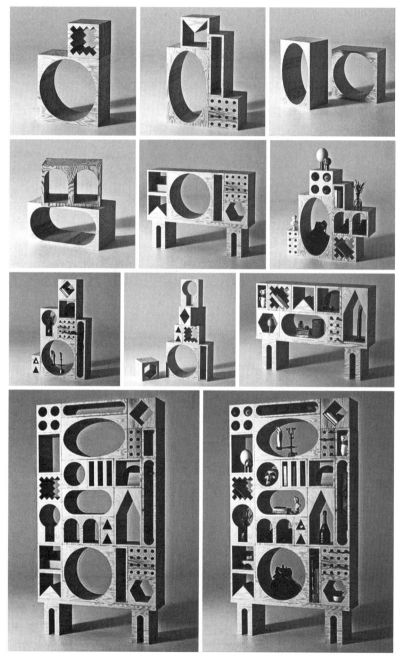

图 2-95　来自北欧的积木式置物架产品形态

图 2-96 所示，这款吸尘器的形态同时存在着直接过渡与间接过渡。吸尘器上方的圆柱体是经常需要拆卸清理的，因此通过简单的直接过渡可以更好地突出分割线，使这个组件更独立；而吸尘器的进风口及滚轮同主体的衔接区域需要突出整体性，因此通过间接过渡融合在一起。

图 2-97 所示的几款产品，都是通过形态中第三个面来实现间接过渡。

图 2-96　融直接过渡与间接过渡于一体的吸尘器形态设计

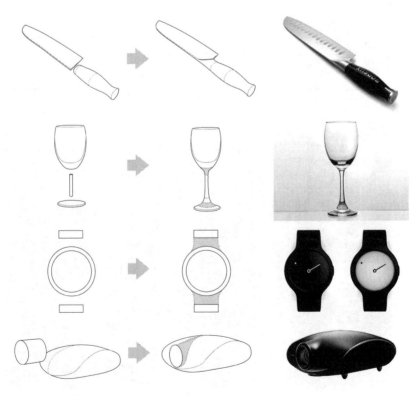

图 2-97　通过第三个面间接过渡的各类产品形态

由于过渡的第三个面是柔和的曲面，因此过渡得到的产品形态整体统一，衔接比较顺畅和缓。

除了通过第三个面来进行间接过渡外，还有通过第三个形态来过渡的。如图2-98所示，这款烧水壶的形态中，壶身与壶嘴的衔接通过一个圆环体间接过渡，实际上是掩饰产品生产过程中焊接留下的痕迹。又如图2-99所示的翻盖手机中，机身与翻盖之间通过铰链结构连接在一起。这个铰链结构除了用于实现翻盖的功能，从形态构成的角度看还充当了过渡形态。

其实生活中利用第三个形态实现间接过渡的情形十分常见，如图2-100所示，家庭装修中顶棚的装饰线实际上就是顶棚平面与墙体平面之间过渡的第三个形态；古典柱式中，柱子与楼板、地面之间也是通过柱墩进行间接过渡的；中国古典桌案的形态设计中，许多装饰花纹和线条也是用于间接过渡的形体。

综合以上几种可以形成间接过渡的方式，可以尝试构思与设计面与面、形态与形态之间的过渡。如果需要在一个长方体与一个圆柱体之间来进行形态过渡的话，可以勾勒出如图2-101所示的几种过渡形态。而在设计过渡时，为了使整合之后的形态保持风格的一致性或关联性，也需要对长方体与圆柱体进行一定的形态变化。

图2-98　通过第三个形态间接过渡的茶壶产品

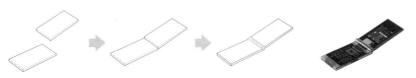

图2-99　通过第三个形态间接过渡的折叠式手机形态

图 2-100   通过第三个形态间接过渡的建筑及产品

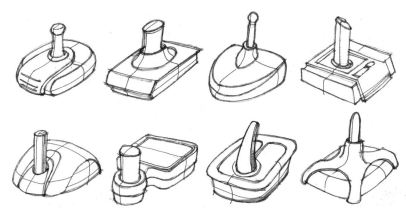

图 2-101   在长方体与圆柱体之间进行过渡形态的构思设计

2-09 材艺｜MATERIAL

任何创造，都离不开材料。连女娲都需要用黄土来造人。用材料来"造物"，也离不开适合材料本身的加工工艺。材艺双全，产品方能呱呱落地。

材料与设计的关系相辅相成，没有具体的材料，设计的产品根本无法落地。这可不仅仅是一张外皮的问题，而是产品里的每一个零部件都需要有合理的材料作为支撑载体。其实从古到今，产品设计亦或是任何人工物的塑造，都经历了两种路线：根据材料的特性，掌握材料的性格，再研发某种产品的设计与制作；或者，先出于某种需求，而在执行的过程中，根据材料的性能去进行推敲与选择。

　　这两种路线无法明确分清楚谁先谁后，但两者的紧密依赖性，自始至终存在着。正如前面所说，根据推理，原始人类随意地握住一个石块，在石块与石块的撞击间，逐步掌握了撞击这种"加工工艺"对石头形变所产生的影响。自此，生产工具开始更尖、更锋利、更容易用手握住，人们的需求与加工技术的先进手段同步并与日俱增。

　　人类在诞生后不久，开始有意无意地撷取周边环境的树枝、石块、水流等自然物。而当人们用树枝在地上描绘出无意义的笔画，或者用石块对另一块石块进行敲打的时候，物与物之间在人力的作用下发生关系，从而导致形态变化的现象愈演愈烈，最终促使有意识地制作生产工具这一行为的发端。从石器、陶器、青铜器一直到铁器的发展过程，都见证了人类文明的进步。各个时期的生产工具与产品形态，都能从其背后读出当下人类的生存与生活方式。我们常听到"造物"两个字，每一个历史阶段的"物"所蕴含的信息，包含当时使用的主流材料及其加工方式，进而可以推断出当时人们的生活方式和社会的组织方式。譬如陶器的发明，标志着新石器时代从迁徙的游牧生活方式演变为定居式生活方式；而青铜器的衍生，标志着奴隶制社会的确立。铁制成的物件更为锋利，恰逢战国战乱四起，兵荒马乱，铁制武器成为战场上的主角，并经由朝鲜传入日本。从魏晋南北朝时期，中国的日用器皿进入了瓷器时代，所谓"南青北白"，便是指后来南方的越窑青瓷和北方的白瓷双雄对峙的格局。而到了唐朝，唐王朝出征西域，开通丝绸之路后，奢华的金银器流入中国，成为尊贵与时尚的象征，进而取代高档漆器，改变了中国传统器物的产品形态与纹样装饰。随着年代的推移，到了明朝，郑和七次下西洋，打开了中国与东南亚、非洲的海上贸易通道。包括黄花梨和紫檀在内的许多高档木材的流入，使得基于榫卯结构的明式家具发展到了顶峰。

　　产品的形态需要材料来落实，而材料也和当时的社会风气、流行趋势、经济水平等发展现状息息相关。最终的器物形态及其使用材料，背后都有着复杂的社会性因素在起作用。

　　那么，材料对形态又有什么具体影响呢？

　　作为公共设施安置在户外的坐具，经受日晒风吹，需要选择强度高、耐久性好的材料。而室内的坐具，则可以选择木材、织物等材料。所以，不同的环境使用的同一类产品，需要不同材料来制作。

自从有了塑料之后，用木材制作壳体的收音机外形，从先前主流的直线与平面形态，逐步开始往各类复杂的曲面或有机形态发展。塑料的故事，是材料历史上的核心线索之一，塑料甚至引发了消费革命。而如果要用金属材料来打造像塑料制品一样的形态，工艺难度急剧增大。两者的特性不同，个性不同，但总有其"擅长"的形态。

此外，材料还与产品的结构相关。譬如金属零件之间可以采用焊接、铆接、螺栓等工艺，而木材零件之间则有榫卯、枪钉和胶粘等连接工艺。方式的不同，也会导致结构与形态的区别。

反过来说，产品及其形态又对材料有着很深的影响。最主要的方面，就是需求设计。需求不仅能创造产品，还能发散思维，勾勒出所需要的新材料及新工艺，促使各种功能性材料的诞生。换句话说，先有需求而后产生的设计思路。在设计研发的过程中，找到合适的改良材料，这种情况也并不少见，只不过，这依赖于材料开发情况。

赫尔辛基艺术大学的约里奥·库卡波罗教授(Yrjo Kukkapuro)一直想做一把"世界上最舒服的椅子"，但无论用何种材料，都较难制作出与人体相吻合的坐具形态。玻璃钢出现之后，使得坐椅与人体接触时可以和人体形态契合，从而减轻人在坐的过程中的体压，由此，库卡波罗的夙愿得偿。如图2-102所示，库卡波罗的坐具，通常都具备有机流畅的形态，而在形态背后，

图 2-102　库卡波罗的具备有机形态的坐具设计

则是以人体工学数据为支撑的设计理念。另外一个经典的范例是软木。早期
的葡萄酒壶或酒瓶，主要用皮革加上蜡或者玻璃塞来密封，但开酒时需要把
玻璃瓶打烂，非常不方便。软木出现后，人们经过加工改良，终于使其成为
葡萄酒的"守门神"。

　　在现有技术的支撑下，几乎没有什么形态是不能被塑造出来的。从这
个角度来说，形态所能匹配的材料，也是可以灵活选择搭配的。再加上材
料种类和表面处理工艺方式也很多，事实上，我们依然可以从形态出发来
塑造多样的质感。

　　在选择与使用产品时，我们是否面临过材料的选择？便当饭盒是需要
玻璃制的，还是铝合金制的，或者塑料制的？办公室的家具，倾向于选择
皮革表面的、木材的还是塑料的？每个人的选择喜好不同，有基于适用性
角度的，有基于审美层面的，有基于价格因素的，不一而足。木材制作的
坐具和钢管结构的坐具，材料结构和形态都有所不同，但本质功能是相同的。
这种"一物多材"的不确定关系，形成了我们丰富多彩的人造世界。以下
选择了几类生活中常用的可以用不同材料来制作的产品，来试着推断一下
它们各自的优势，如表 2-01 所示。

不同材料的杯子所具备的个性优势　　　　　表 2-01

材料	例图	原因分析
玻璃		玻璃杯通透好看有质感。允许人轻易地看到杯中液体的情况，适用于红酒、啤酒、绿茶和水等。 因为玻璃杯不含有机的化学物质，当人们用玻璃杯喝水或其他饮品的时候，不必担心有害的化学物质会被喝进肚子里，而且玻璃表面光滑，容易清洗，所以人们用玻璃杯喝水，健康安全。

续表

材料	例图	原因分析
不锈钢		不锈钢材质坚固不易碎，耐用性强，表面处理之后美观大方。使用时间长，部分不锈钢杯可以具备保温功能。 不锈钢杯也有不少缺陷。如不能用来装中药，不然对人体有害。中药里面的酸性物质和保温杯内壁的铬、镍等发生化学反应，并将这些重元素溶解到药液里。
木头		木材导热慢，不容易烫手。耐摔，不易碎裂。部分木质茶杯适合日式、中式等清新隽永的风格。 用木质茶杯饮水天然健康，其形态又源于自然，视觉与使用层面都给人以更贴近自然的感觉。
竹子		竹质导热慢，不易烫手。耐摔，不易碎裂。饮用时会有淡淡的竹香，天然健康。 与木材具有类似的外观特色，呈现出自然的纹理。
陶瓷		陶瓷工艺源远流长，其制作工艺发达，造型风格多变。陶瓷不含稀有金属，不会浪费我们的资源，是一种较为环保、健康的产品。

续表

材料	例图	原因分析
纸	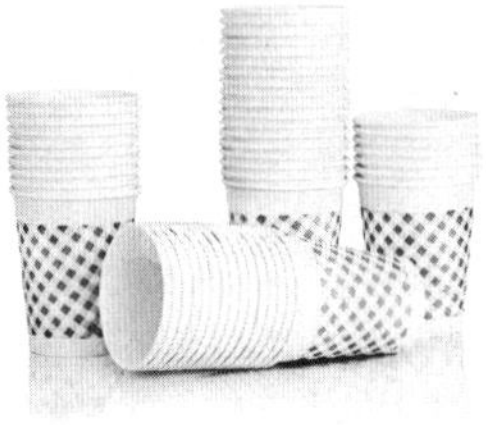	纸杯多为一次性使用，方便随用随取，适合公共场所、饭店餐厅使用，方便轻巧。不过，纸杯不适合盛热水。而从环保角度而言，纸杯并不利于可持续发展。
塑料		塑料杯造型丰富多样，轻巧，便于携带，造价低，适合大批量生产。部分材质的塑料杯不适合盛热水。

不同材料的袋子所具备的个性优势　　　　表 2—02

材料	例图	原因分析
布		布袋可以重复利用，制作精良的布袋可以长期使用。布面可以通过印花、刺绣、彩绘等方式进行装饰。工厂或手工艺者可以生产各种风格、造型的布袋。
草编		草编具有一定的装饰性，适合用于日本文化、中国文化等产品。草编的袋子普遍耐用、结实，并且随着使用，草编的袋子会变色。

续表

材料	例图	原因分析
尼龙		尼龙编织的袋子有一定的防潮功能，尼龙表面可以印刷图案，质量好的尼龙袋结实耐用，承重能力强。尼龙袋往往做得很大，适合搬家、工厂装货使用。
塑料		塑料袋是人们生活中必不可少的物品。因为其廉价、重量极轻、容量大、便于收纳等特点被广泛使用，大多为一次性使用。 但是塑料袋不易降解，随意丢弃会污染环境。
纸袋		纸袋品种很多，便于裁剪、印刷，款式很多。纸便于回收利用，是袋子品种中比较环保的一类。

不同材料的坐具所具备的个性优势   表2-03

材料	例图	原因分析
布		布艺沙发的耐磨度不如真皮沙发，但价格上占优势，且花样繁多，可以满足各类审美的顾客。布面沙发不易起静电、防过敏、容易清洗。

续表

材料	例图	原因分析
木头		木质沙发多为中式家具，木头花纹各异，可以展现华丽、朴素、稳重等风格。木质家具易于清洁，需要定期保养。
藤编		藤编家具美观实用，环保不污染环境，方便清洁，颜色会随着使用发生变化。
铁艺		铁艺沙发大多为欧式风格，复古华丽。它不仅牢固，并且容易清洁，材料较为坚硬，可能会使人感觉不舒适。
真皮		真皮家具有天然的毛孔和纹路，手感丰满柔软，富有弹性。部分真皮家具价格昂贵，需要定期保养。真皮沙发往往显示出富贵、华丽、舒适的感觉。

| 质感 |

　　你的手能够轻而易举地拿起任何一样桌面上的办公用品，不需要费力把握，或拼命攥紧。这是那么理所当然的一种状态，很少有人会去想，这

也是动物进化的一种结果。具体和物品紧密贴合的是手指头。而手指尖上的一道道迂回往复的指纹，把手的接触面变成了细线般的一条条突起，从而提高了手的敏感度，并增大了手在把持物体时候的摩擦力。指纹，就是手的肌理。

产品的表面可视可触，具有表面质感的变化。这与材料的表面处理手法相关。每一种材料都有适合于自己的表面处理加工方式。而类似的表面质感，也可以由不同的加工方式所形成。你能看到的所谓色彩配置方案，不仅仅是颜色，还包括肌理、纹理、光泽度等特质在内的其他要点。这些要点综合起来，就是"质感"。

质感，顾名思义，就是人们对产品所使用材料的视觉和触觉感受，并进而产生的心理感受。在绝大多数情况下，材料的视觉和触觉感受，是通过产品表面特征传递的。产品表面的高光与亚光、细腻与粗糙、纹理排列的疏密等，都是材料本身的固有属性综合了人为加工状态的展现。人对材质的知觉心理是呈递进式深入的一个过程。这就意味着，当我们刚接触一样产品的时候，我们看到的颜色、摸到的肌理，都可以用"很漂亮"、"很精细"等形容词来表达心理感受。而当我们进一步使用时，我们或许才会发出"很好用"、"很舒服"等关于易用性的评判。所以，质感的设计，不仅是因为那一层迷人的表皮，也是因为质感对产品使用时的操作舒适度的一种物化的推进作用。最典型的范例，就是产品形态中所包含的肌理因素，能够暗示使用方式或起警示作用。许多手持式工具的把手部位，都采用橡胶材料外包，在橡胶体表还制作出一道道防滑纹，使手持式工具的把手能获得有效的利用，并以这种材料的配色及其肌理作为手指用力和把持处的一种暗示。

优秀的产品形态设计，总是通过形、色、质三方面的相互交融而提升到意境层面，以体现并折射出隐藏在物质形态表象后面的产品精神。这种精神通过用户的联想与想象而得以传递，在人和产品的互动过程中满足用户潜意识的渴望，实现产品的情感价值。

一般而言，质感分为两种不同的类型，理性的质感是指材料实际存在的

物理属性，即材料表面所传递的特征，包括肌理、色彩、光泽等；而感性的
质感是指材料给人的心理印象，即材料表面给人的感性信息，包括粗糙与细腻、
温暖与冰冷、厚重与淡薄、轻巧与沉重、干涩与顺滑等所塑造的情境。按照
人基于材质所产生的心理感受，我们可以将质感分为触觉质感和视觉质感。

　　触觉质感是决定质感设计的重要因素。通常来说，无论是产品还是自然
物，其触感给人的主流感受是共通的。相对而言，肤若凝脂、吹弹可破的温
润质感，能给人以愉悦的感受。而粗糙、黏糊糊、锈迹斑斑的质感，可能让
你触摸之后，手上或多或少沾上点杂质，造成不舒适的体验。这些来源于自
然的体验最终会反馈到产品表面质感，形成一一对应的心理暗示。而视觉质
感主要是受经验影响，相对于触觉质感来说不那么直接，甚至还会带有一定
的不真实性。如今的加工工艺，已经足以做到"以假乱真"的效果。尤其是
塑料的表面加工，真空电镀工艺可以在塑料表面造就带有镜面光泽的不锈钢
的视觉质感，木皮贴面可以使其表面形成带有木材纹理的视觉质感。日愈精
巧的加工工艺，可以使人们越来越容易获得各种人工的质感体验。

　　我们试图从身边的产品中，去寻找一些带有对立性质的反义词，而这
些反义词，正是相关产品的质感，给我们带来的差异性的心理感受。

│ 冷暖 │

　　设计师 Fien Muller 所设计的 Muller Van Severen 系列椅子，如图
2-103 所示，其设计灵感来源于包豪斯的设计作品，尤其是在产品的形态
与材料方面，令人印象深刻。设计师选择直线管状的金属薄片作为基本材料，
摒弃纷繁复杂的装饰细节，力图使这种笔直的线条和抽象的几何轮廓带来
极为理性的冰冷与安详的视觉特征。在这里，我们可以看到一些有趣的事
情。红色通常都会被视为温暖的象征，但是在这里，极简的造型和光滑的
表面质感占了上风，相对而言冰冷与现代的感觉更加意境悠远。相对而言，
图 2-104 所示的坐具，其质感特色传递得更为赤裸明显，无论形、色还是质，
都萧瑟孤立在极寒的空间中。

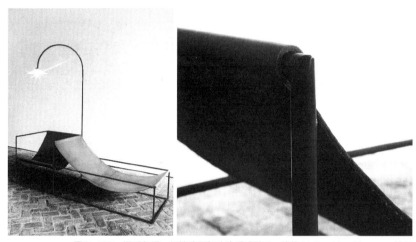

图 2-103　温暖色泽、极简造型与冰冷质感融于一体的 Muller Van Severen 椅子

　　相比之下，来自于爱尔兰纺织品设计师 Claire—Anne O'Brien 之手的"Olann"则是给人以温暖关怀的手工编织羊毛家具。如图 2-105 所示，这个设计的灵感来自于传统爱尔兰，捕鱼和编织是当地最主要的生活方式。这些家具的编织纹样也是根据熟悉的钓鱼绳、柳条筐等捕鱼工具改良而来，传统元素辅以当代工艺语言来制作。羊毛线的材料温文尔雅，色调感性温和，饱和度适中，整体质感表现质朴温馨，与上图中的坐具完全相反。

图 2-104　形色质各方面都统一设计的坐具形态

| 粗细 |

　　把皮宣纸与天然胶水相融合，再层层糊在伞骨上，这是余杭纸伞的传

图 2-105　给人以温暖感受的"Olann"手工编织羊毛家具

图 2-106　品物流形的经典产品 Paper
Chair

图 2-107　深泽直人的广岛椅

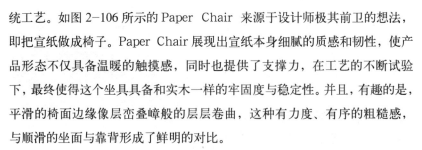

统工艺。如图 2-106 所示的 Paper Chair 来源于设计师极其前卫的想法，即把宣纸做成椅子。Paper Chair 展现出宣纸本身细腻的质感和韧性，使产品形态不仅具备温暖的触摸感，同时也提供了支撑力，在工艺的不断试验下，最终使得这个坐具具备和实木一样的牢固度与稳定性。并且，有趣的是，平滑的椅面边缘像层峦叠嶂般的层层卷曲，这种有力度、有序的粗糙感，与顺滑的坐面与靠背形成了鲜明的对比。

深泽直人设计的广岛椅，如图 2-107 所示，具有如乌冬面般介于韧性与弹性之间的质感。广岛椅的木材经过精心打磨，纹理蜿蜒旖旎，色泽配上柔软的坐垫，结合曲面的转折过渡，整体给人一种细腻柔和的感觉。

PART 3
有限的形态

3-01 总述 | OVERVIEW

　　一顿饱餐过后，餐具洗涤与厨房清理的后续操作在所难逃。下料时的各种刀具自然也需要收纳。如图 3-01 所示，我们可以看到有各种刀具收纳的产品。问题的本质相同，但解决的途径各异。从操作的便利度与观赏的审美性来看，您喜欢哪一款？

　　晚餐过后，又是休憩放松的夜间时光。边几上的小闹钟，你转头便可看到时间。可是这款日本设计师设计的小闹钟，如图 3-02 所示，为什么设计成多边形？有这么多闹钟形态可以设计，为何单单对这款多边形的雏形情有独钟？

图 3-01　形态、材料与具体使用方式各异的刀具收纳装置

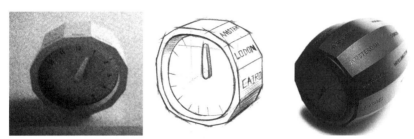

图 3-02　别具一格的多边形的闹钟形态背后所隐藏的形态设计之原因

闹钟上的字母暴露了原因：当你想知道在国外的亲人所在地域时间的话，只需要将闹钟转至标有该地点所属时区的代表城市名称，你就可以即时从闹钟上读到当地时间。这，就是闹钟设置成这种形态的理由：基于功能与使用。

在第二部分的内容中，我们以各种视觉要素为基础，结合形式法则的应用，并与色彩、材质等搭配，创造出包罗万象、层出不穷的几何抽象形态，这就是形态的构成具备"无限性"的原因。而在现实生活中，产品形态的设计，其构成非常复杂，牵涉到许多因素。所以，最终的产品形态，自然需要从无限的形态发散可能中，去做收拢的工作，结合用户与企业双方的需求，来抛弃掉那些"两不沾"的形态，而留下有限的、可以细化与深入研发的初步形态。所谓收放自如，指的便是这种针对问题寻找解决措施的"发散"，与针对用户体验和企业落地确认最后解决方式的"收拢"之间，能灵活转

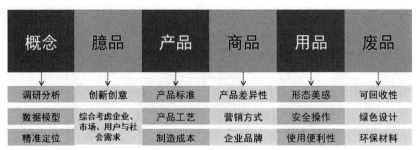

概念	臆品	产品	商品	用品	废品
调研分析	创新创意	产品标准	产品差异性	形态美感	可回收性
数据模型	综合考虑企业、市场、用户与社会需求	产品工艺	营销方式	安全操作	绿色设计
精准定位		制造成本	企业品牌	使用便利性	环保材料

图 3-03　商业时代的产品行走路线

换思维，自如跨界。

　　商业时代的产品历经流程，如图 3-03 所示，我们可以看到这几个阶段，都有着相应的基础条件与指导性理念，尤其是从臆品到废品的每个环节，在设计构思时，都具备需要注意到的要点。其中的需求、成本、工艺、营销、体验、回收等要素，就是产品形态在设计时的限制因素。

　　所以，从用户的角度出发，去分析形态的不同风格塑造是颇为重要的形态定位环节。但用户的研究也并非是企业生产产品时，唯一考虑到的核心因素。从用户的角度而言，产品形态美学层面的吸引性，以及人机层面的可用性与易用性，自然是企业需要投入研习的。但除此之外，根据企业本身的实力包括生产设备、擅长工艺、成本定位等因素，也是在产品研发及形态设计时需要关注的重点。只有两者结合，才能在现实中找到双方共赢的可能性。换句话说，企业与用户，并不应该永远都处于天平的两端，来作各种取舍。

　　从用户的角度而言，产品功能的实现是其设计过程中最为核心的目标。产品形态的设计必须能有效传递功能的实现途径。如果设计出的形态，无法有效、明晰地安排控制元素（按钮、滑块、升降杆、踏板等形态细节部件），将导致用户无法快速定位准确的操作部件；或者产品形态设计完毕之后，形态所传递出的操作方法或步骤存在歧义，也将导致用户无法顺畅地完成工作。如图 3-04 所示，形态的设计要合理传递出使用方式，包括具

图 3-04　从用户使用角度出发的使用体验导图

体操作方法与使用顺序，才能构成完整的、从用户角度出发的"使用体验"。从某种角度而言，在当今信息时代之背景下，"形式追随功能"依然有着一定的准确性与值得恪守的价值。

　　从企业角度而言，产品形态与经济成本密切相关，包括工序的道数、人工与时间的成本耗费、模具费用、材料的损耗率、生产次品率和利润所得等，这些都影响着企业对于产品投产的判断决策。产品的形态设计如果与实际生产条件相脱节，与相应的工艺无法互相适应，进而欠缺生产可行性，那么这款产品的形态设计将毫无意义。

　　综上所述，形态的设计可以天马行空，但在现实生活中，如果形态不能生产落地，也只是想法而已。在功能实现层面，形态设计受到结构、机构因素的制约；在生产制作层面，形态设计受到材料、工艺因素制约；在用户体验层面，形态设计受到功能、使用因素制约。

　　针对形态的受限因素进行符合用户与企业需求的产品形态设计，归纳和梳理功能、使用、材料、工艺、比例等因素对于产品形态的影响，最终塑造出能够传递理性信息的形态。所谓理性信息，如前面所述，即产品形态本身可以传递出的功能指示、使用方法与流程等与人机交互相关的形态特征。

　　认识形态设计时的各种限制因素，在构思产品形态时，需综合考量其使用的合理性与生产的可行性。一味求新的创造过程非常的惬意，而将发散的思维根据限制条件收拢，则需要更多的耐心。让跃然纸上自由发散的各种形态，满足企业落地的需求和用户体验的需求，我们需要综合考量最终有限的形态设计。

此外，自然物的有机形态常见于产品形态设计之中。对于自然有机形态而言，将其运用在产品形态的仿生设计上的案例也延续已久，屡见不鲜。如何将自然有机形态与产品形态"有机"融合，在本部分也有相应的阐释。换句话说，在具体的设计手法中，形态设计经常用到比喻的手法，被参照的对象不仅可能来源于自然，也很可能来源于其他产品等人造物。形态设计可以出自于构成因子的组合、形色质的相嵌以及适应于各类制约因素的变化。但除了这些基于视觉要素与制约因素的设计手法外，运用比喻的设计手法亦相当重要。比喻之后所产生的具备与他物有视觉关联的产品形态，同样可以满足实际的物理和微妙的心理需求。无论是对自然物的仿生，还是对人造物的借鉴，应用了比喻借鉴手法的形态设计屡见不鲜。本部分亦将阐述形态设计导致视觉关联性之后所具备的物质与精神意义，讲解基于产品视觉上的相仿性所对应的关联性设计手法。作为设计师，需要观察与分析产品之间视觉上的关联性及其产生的原因，以形态的观察与分析为基础，熟悉形态的关联性设计的机能与设计方法，掌握比喻手法在形态设计中的应用。

综上所述，我们需要在形态设计中，考虑产品功能与使用因素、材料及其生产工艺、用户使用及其体验等要素对于形态设计的影响，学习如何将无限的形态方案由二维图面上的体现转化为三维实物的实现。

3-02 有信 | INFORMATION

不要说互联网，连固定电话都还没有普及的时候，通常都会以信件的方式来互通有无，交换信息。写信与读信，作为具体的方式几欲成为历史；而其本质，却改头换面，在不同的技术时代里，以不同的方式来呈现。笔换成了键盘，纸换成了屏幕，而通信的本质，依旧一脉相传。

产品也是如此。

产品形态中一样包含着"信"。这里的信，我将其称之为"服务信息"。所谓服务信息，自然是面向用户来进行服务的。

　　如何让用户得到优质、舒适或定制化的用户体验，可以通过各种媒介开展，如眼睛所看到的、耳朵所听到的、使用所感受到的等诸多体验，让用户能够通过产品的观察与使用，与设计师理想中的构思进行亲密接触。

　　产品形态的服务信息包含"形"和"态"两个方面。在这里，"形"是指透过整体及其细节的形态所传达的包含操作方式、使用顺序等在内的指示性信息；而"态"是指传达审美、品牌与企业文化等感性质素在内的象征性信息。重视产品形态的服务信息，使用户不仅获得预期的操作效果，同时也可以满足用户的审美需求和情感诉求，最终实现用户对品牌的认同。

　　一般来说，用户通过认识产品的形状、色彩、材质等"形"的要素和审美取向、企业文化等"态"的要素，进而全面了解和认知产品及其品牌，最后，在脑中形成形态的语意符号。这里的语意，融感性与理性信息于一体而构成。

　　所以，产品形态可以传递指示性信息和象征性信息。指示性信息着眼于让用户高效可靠地完成产品可以达到的功能。而象征性信息则借由表象的"形"来传递象征的"态"，包括产品风格、形态优美性、文化内涵及企业形象等感性信息。从感性信息的传达角度来看，产品就是一个符号系统。服务信息的传递则是通过融于形态中的语意符号进行。服务信息传递的最终目的，是要让用户通过物质"形"，体验产品的使用流程、审美情趣、时尚雅致、个性化等非物质、隐藏在"形"内部的"态"要素。

　　产品被用户接受的程度是由其形态包含的服务信息所决定的。形态一般都具有含义，例如箭头、按钮和把手等细节带有功能和使用的指示性。而建筑、汽车等则具备整体风格的象征性。产品形态传递服务信息的目的是与用户的行为模式、使用习惯和审美层次等特性趋近，以获取用户的认同感。

│ 形态服务信息的价值 │

　　形态的服务信息可以传递产品使用方式的信息，使用户在短时间内熟悉和掌握产品使用方法。服务信息具备指示性功能和操作信息共同建立起使用方式的符号系统，促使用户更易掌握操作流程，产品的使用便利度增强，使用体验的愉悦度提升。

在产品功能和使用越来越同质化的情况下，形态的美观和风格最先被设定为增加产品附加值的手段。不同年龄、地域和教育背景的用户均有着各自针对形态的喜恶感。同样的产品，儿童会选择形状可爱、颜色鲜艳的风格，老年人则倾向选择朴素和典雅的产品。不同的形态传递不同的审美信息，以匹配不同用户的审美层次和精神需求。

需要注意的是，相对而言，使用方式具有更多的跨越民族与地域的共性。而由于历史传统、文化特点、风俗习惯等不同，各个民族有各自所偏好的不同风格与审美趣味的产品形态。德国产品以严谨和理性著称，强调指示性信息的有序传递，其产品形态端庄严谨，极尽简约而有用之能事；北欧尊重传统材料，传递安于自然的象征性意蕴，以木材为主的产品设计常见于百姓家中；意大利设计则热情奔放，产品操作信息的传递时常让位于极具夸张装饰意味的象征性展示，产品形态总能流露出特定的情感，或玩世不恭，或幽默诙谐，或热情奔放，其象征意味能用尽十分，绝不擅留一分。如图 3-05 所示，德国设计界的代表人物迪特拉·姆斯（Dieter

图 3-05　德国与意大利产品形态情感的差异性

Rams）与意大利设计师乔瓦尼诺，他们的代表作品风格南辕北辙，大相径庭。迪特·拉姆斯是德国著名家电制造商布劳恩（博朗）的首席设计师。他的设计理念与现代主义建筑大师密斯·凡德罗（Mies van der Rohe）如出一辙：少，却更好（Less，but better）。拉姆斯的设计形态多以规则的抽象几何元素为原型进行加减，并通过黑、白、灰等淡雅的配色与亚光的质感来辅助烘托现代简洁的风格，体现出有条不紊的秩序感，严格而单纯，这也是迪特·拉姆斯成为德国的"新功能主义"的代表人物的原因。他始终坚持通过设计，可以"清除社会的混乱"。如今的苹果电脑产品与其设计师乔纳森·埃维，受其影响颇深。在工业设计纪录片《Objectified》中，拉姆斯表示苹果是唯一一家遵循他"好的设计"原则去设计产品的公司。与此同时，斯蒂凡诺·乔瓦诺尼（Stefano Giovannoni）的设计风格总带有令人莞尔的戏谑性的童趣。塑料的可塑性与色彩的明快性，是乔瓦诺尼设计时常用的法宝。卡通、科幻小说、神话等充满想象力的元素，会被他不厌其烦地用到产品形态中，成为快速生活中卸压的玩物。热情洋溢，想象灵动，是他设计风格的关键词。仔细想来，这两种风格与德国和意大利的民族性格也有着不可分割的关联。

当然，生活形态的不同还是会导致使用方式的倾向。从吃蛋这个角度来看，我们更倾向于用手剥掉蛋壳之后，直接用手或餐具来食用。而在欧洲，不少地方会将剥好壳的蛋放置在专门的类似于一个小容器的托具上来进行食用，看上去，鸡蛋需要处于一种正襟危坐的状态，来等候人们的"食礼"。由此可知，服务信息的传递，只有考虑到不同民族与地域人们的生活形态与行为模式，才能有针对性地增强产品的市场竞争力。

说到因地域的差异而造成的生活方式的不同及设计习惯的差异，我们可以翻开德国与日本的设计发展，一探究竟。德国与日本是两个具有浓郁民族特色设计的典型国家。德国产品的严谨理性，日本产品的细腻精致，都给人留下极其深刻的影响。为什么某些风格，容易让人一下子说出其所来自的国家或区域？事实上，翻开历史，你会发现德国与日本的设计发展，在很大程度上，并非源于自身的造血，而是通过不断汲取外界的影响，再结合本土的民族文化交杂衍生而来的。说起来似乎只是寻常的一件事情。

笔者所听到的关于德日两国设计方式的比较分析,令人印象最为深刻的,是由国内的 ZUODESIGN 所写的,关于菜刀的设计研究。如图 3-06 所示,德国菜刀,刀柄的形态居多都以流线型设计为主。这种流线型,是基于人机工程学所作的形态设计,是用科学的方法来量化使用过程中的数个指标,并基于实验得出的数据来反馈至设计时的形态、体量、尺寸、比例等要素中去,最后形成"适合于正常使用、易用"的产品形态。针对形态进行理性的设计,这就是德国菜刀的设计模式。而反观日本的菜刀,刀柄往往选取竹制或木制的天然材料,并且居多都处理成以圆形截面和方形侧面的有序几何形态,与德国设计的带有有机线条的、符合人手握持的形态有明显的差异性。

德国菜刀,已经被赋予形态的必然性,是因为其所注入的设计因素,是基于"把持最舒服"的一种需求。但从另一个方面说,如果用户的手受伤了,

图 3-06　德国与日本菜刀形态的差异

使用情况就会发生改变，这把刀的人机工学价值反而可能会阻碍你使用。所以说，设计师在构思的时候，是设定了正常的使用情境，是一个选择好了的、带有必然性的场景。反观日本的菜刀，可能在正常握持的时候没有德国的刀舒服，但是它能够给予用户更多的可能性。你用左手握，右手握，正着握，反着握，两个手指握，三个手指握，这一切的可能性都是由使用者自己决定。

从这个例子能够推断出设计背后的哲学思想，反映的就是所谓的"必然性"与"可能性"。换句话说，德国的设计愿意往"做得很满"的方向去发展，发展到最后很可能是带有必然性的一类形态设计出来，适用于出现概率最大的正常的生活情境；而日本的设计则留有一定的余地，倾向于"留一些空白"，可以灵活地适用于根据情境的变化。所以，我们可以看到，德日两国的设计，考虑得都非常细致，但基于民族生活形态、行为方式与思考模式的原因，在设计的形态上，又呈现出各自的特色。德国产品的形态及其使用方式体现出赤裸的人因化，而日本产品的形态则相应含蓄、矜持许多，内敛地散发出灵活使用、更为全面的适应性。

| 指示性服务信息 |

人们在认知事物时，往往会召唤头脑中储存的语言符号进行比较，所以设计师需研究产品形态语意和用户记忆、经验之间的关联性，以不同部件的形状、色彩和质感等元素的区别为基础，设计可指示使用的信息传递方式。

此外，利用用户以往的使用经验和记忆来表达新产品形态的信息，使新产品使用信息的传递更易被用户掌握，这也是一种类比手法，来源于符号学中的比喻。图 3-07 是一款用于心脏手术的医疗器械，其尾部转舵部分借鉴水龙头的形态进行设计，旋转的操作位置和旋转的方向让用户一目了然。而右边的几款形态设计，显示了其他几种引导"转动"操作的方式。

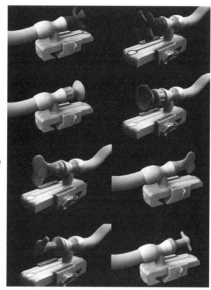

图 3-07　医疗产品转手细节的形态设计

| 象征性服务信息 |

1. 象征性信息的传递方式以替代为主

替代手法是指通过某一产品的局部或整体来替代所设计产品的局部或整体，以使产品象征性信息的认知更加易懂。如图 3-08 所示，日本设计师柴田文江所设计的"不倒翁"体重计，使用过程十分有趣，当你需要使用其来测体重时，它会乖乖地躺倒于你的足下；而当你测完体重离开之后，它又会竖起身来恢复站立的姿态。通体鲜艳的色调与圆润的外形，使其深受具备童心与需要"治愈"的消费者的喜爱，甚至还通过站立，展现了节约放置空间的特征。这种通过设计所透射出的对于生活趣味性的挖掘力度，令人动容。设计师通过这些"形"，向用户传达了天真和可爱的"态"。

2. 形态要素的组合切合同一主题更易传递情感价值

将形态分类为形状、色彩和表面处理等要素，这些要素作为用户审美

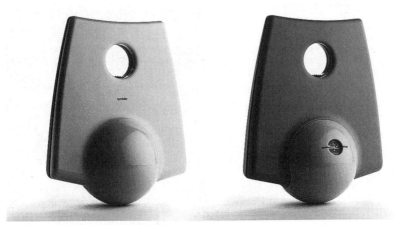

图 3-08   柴田文江设计的"不倒翁"体重计

情趣符号系统的对应点，为设计师所用。

细化到产品而言，主要包括如下几种手法：通过部件搭配（面、体之间的位置关系）、面上孔洞（点）和开槽（线）的轮廓及其排列所表现的形状关系，通过色相、明度和纯度的不同所表现出的色彩性格，以及通过材料表面肌理的处理所给予用户在心理上的联想。通过这些形、色、质的相互交融，使用户产生相应的联想，以此来传递表象背后的语意和产品精神，实现产品的情感价值。如图 3-09 所示，在日本非常盛行的胶囊旅馆，是极具日本文化特色的便捷式旅馆。虽然名称是来源于其形态，但胶囊旅馆充分体现了日本对于资源节约与低碳环保的重视，以胶囊为喻体的形态设计，合理整齐的内部规划，让人想起中国的古话，所谓"螺蛳壳里做道场"，其形态特色无不与"胶囊"的视觉特色、经济的体量特征相契合。

3. 文化视觉符号的抽象提炼是传递产品文化内涵的基础

形态所传递的服务信息可以具有鲜明的时代特征，符合市场流行趋势。象征性信息需注重将用户生活环境中的视觉因素借用到形态语意中，以体现地域性、民族性或悠久历史传统等元素。不同民族会有因自然规律推动

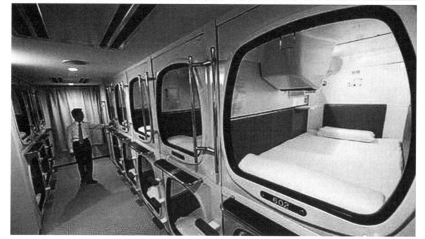

图 3-09　日本胶囊旅馆

而演变发展的文化模式，体现在地区规划、建筑、小品、绘画、服装等视觉载体中，并涉及材料和工艺的选择。将这些视觉载体抽象成不同的"形"，提炼出文化视觉符号，可以展现特定的文化传统和价值观，即产品深层次的"态"。我们以日本产品设计的特色为例描述。

　　日本以造型简朴的产品居多，有着高度抽象的和谐面。从日本的设计作品中似乎可以看到一种静、空、灵的境界，我们也可称之为东方式的抽象。日本传统中有两个因素决定了其形态特色：一个是少而精的简约风格，另一个是日常生活中以榻榻米为标准的模数体系，这些都与之后从德国引入的模数概念不谋而合。空间狭小使日本民族喜爱小型化、标准化、多功能化的产品，这恰恰符合国际市场的需求，同时也促进了日本的电器产品引导世界潮流。

4. 以感性信息的差异性和传承性为途径来塑造企业品牌形象

为和不同厂家的同类产品区分，企业产品需要体现一定的形态语意差异性，使象征性信息具备"与众不同"的传递方式。由于科学技术的发展，形态自身也在不停地发生变化。因此，可以抛弃一些旧的形态语意来进行新语意的设定。这不仅可以避免产品的同质化，同时也可以使形态具有独特性和时代性，这些都会给企业带来新的发展契机。

与此同时，象征性信息也必须具有传承性的传递方式。风格是品牌建设的重要内容，它通过产品的"形"传达产品的"态"。就同类产品而言，同代产品形态的服务信息需具备相似性，而不同代产品的服务信息则需体现延续性。传承性应集中体现在服务信息的关联性上。无论是形的近似，还是态的意象风格的趋近，均可树立统一的产品视觉形象。用户可以从不同产品的整体轮廓线、部件基本形状、按键布局、色彩配置和装饰纹理等要素的比较中，察知产品物质形态背后的非物质品牌符号。如 IBM 电脑通过黑色、方正、刚硬等的形态要素，传达出坚固稳定的企业文化。

与之形成对应的则是苹果电脑，其简洁的造型虽然来源于迪特·拉姆斯的新功能主义理念，但依然体现出苹果公司重视创新、时尚和个性的企业文化。因此，产品通过感性信息的传递，可以将产品语意转化为企业文化。

企业的竞争即服务的竞争。服务反映在产品中，即服务信息以合理有效的方式传递给用户的过程。重视产品形态服务信息的传递：使用户操作效果达到预期值，发挥产品的功能意义，使用户的情感诉求获得一定的满足，发挥产品的情感意义，使品牌获取用户认同，张扬品牌形象的文化意义；以形态服务信息传递的合理性、象征性和差异性，来满足用户、企业和市场的需求，进而取得产品的社会意义，这也是在信息时代的大背景下，对于现代设计"以人为本"宗旨的响应。

3-03 有用｜FUNCTION

　　各类厨具中，砧板像是一座集各种食料
处理于一体的工作重镇。无论生熟、荤素、
曲直，都要在砧板上进行备料。在图3–10中，
你可以看到各类下料工具、各种食材及处理
后的各种食料形态，都在砧板这个用武之地
上，尽情发挥。

　　有没有假想过，利用砧板处理食料，可
能会有改进的余地吗？当我们在网页上搜索
以"创意砧板"为关键词的内容时，会出现
许多带有新奇设计点的创意砧板，而这些砧
板的形态都与普通的砧板有所不同。

图 3-10　以砧板为中心的工作情境

当你在"观赏"这些产品的时候，或许你很快就会发现，形态的诞生，有时候是来源于问题的。而操作过程中所出现的问题，也许就是用户体验时的需求点。需求需要解决，导致产品因之而改变了整体或细节之形态。

利用砧板备料的问题 1：

想要切得比较规整，切成大小差不多的方块、线条，咋办？

尝试用笔来策划一些构思。别担心，寥寥几笔，就可以把构思准确地表现出来。

试想一下，端上来的菜，色香味俱全，那么"形"呢？切得坑坑洼洼，大小随意不等，如果像强迫症患者一样，想切出有秩序感的肉条，似乎就像以前用直尺和铅笔画出一条条等距的直线一样，需要有些尺度方面的参照。如图 3-11 所示，如果砧板是我们的作业本，那么在砧板上刻上一些等距的直线，可以令我们依之切出有序、均等的肉条吗？

我们可以看到，在网络上搜索之后，如图 3-12 所示，就会有一款带有戏谑性质的砧板，布满了各种数值参考线条，看上去，艺术家和强迫症的转换仅在一线之间。事实上，这是由美国居家小物设计品牌 Fred 推出的"强迫症主厨砧板"（Obsessive Chef Cutting Board），就是有意揶揄某些

图 3-11　依据砧板备料的问题 1 所作的构思

图 3-12　带有戏虐性质的、提供给完美主义者的砧板

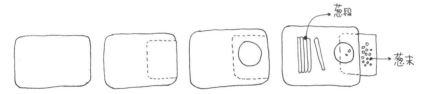

图 3-13　依据砧板备料的问题 2 所作的构思

人在做菜时太过讲究，他们干脆将最讲究精准的制图垫板做成砧板，让你精准到惬意。其实，带有格子的砧板的出现，是为新手设计的。初学者可以依照格纹来练习刀法。而圆形的放射线，则是为了练习等分食材。

利用砧板备料的问题 2：

切好的料要先放在碗里或者碟子里，然后再下锅。备好的料装盘，步骤有点多，有点麻烦。咋办？

事实上，当然也可以直接将装好了料的整个砧板端起来，直接拿到锅前下料。不过，如果砧板上放的是不同的料，要应用在不同的菜肴制作中。又或者占满了食料之后，砧板如果比较重，又会出现或许不太愉悦的用户体验。如图 3-13 所示，我们会联想到生活中的床具。就好比是一些床具，

在其下方的空间可以利用起来进行储存。所以，砧板内部的空间，似乎是
一个可以发散的方向。事实上，也已经有了不少相关的设计，在针对将料
从砧板转移到碗里去的过程，作了轻松化的细节处理，如图 3-14 所示。无
论是何种形态、材质与使用方式的存储容器，都可以让你直接把备好的料
拨进去，省却了拿容器、装容器的时间。

再往细一点想，是否可能还有更为方便的设计呢？直接把砧板作为储
存容器的可能性是否存在？图 3-15 中可以看到这类解决措施。直接将砧板
作为容器，通过折叠的方式，使其具备更为细化的收拢与储存功能，便于
将备料下锅。

图 3-14　自带储存置料容器的砧板们

图 3-15　既是砧板，又是容器的设计

利用砧板备料的问题 3：

想要边切菜边看电影。咋办？

事实上，听起来实在有些古怪。边切菜边看电影？或许换一种思路会更符合逻辑，那就是，边学边做。屏幕里放置的是指导做菜的文本或视频，那么，你就可以依葫芦画瓢，来进行菜肴的备料工作。如图 3-16 所示，也许可以是插入，也许可以是斜着搁置，总有许多解决问题的方式，即使看上去并不那么完美，甚至带来新的问题。图 3-17 中，是目前可以看到的相关解决方案，由 CTA Digital 设计的一块可以折叠的砧板，折叠之后，将视频硬件插入，甚至考虑到为了避免沾了油污或液体的手指直接接触到屏幕，还在旁边配置了一只触摸笔。这样的产品，会否让你产生一种"杀鸡焉用牛刀"的过度设计的感觉？所谓"大千世界，无奇不有"，哪里有需求，哪里就有新品。有时候，我们还真没办法根据自己的经验来作斩钉截铁的推断。

利用砧板备料的问题 4：

厨房面积小，东西一多，收纳起来不方便。咋办？

在针对问题 2 的设计方案里面，我们曾经看到许多已经自带有储存区域的砧板，这都是针对下料与备料环节所做的细节。而这里的收纳，是面向整理饭后"残局"的环节，这也意味着，厨具与餐具要收拾归纳到"位"，且要节省收纳空间，有点"螺蛳壳里做道场"的意味。所以，如果以砧板为切入点，有哪些产品，可以和砧板一起作为收纳"共同体"呢？通常，

图 3-16　依据砧板备料的问题 3 所做的构思

各类刀具与砧板会共同使用，所以，结合刀具的形态，兴许是可以做收纳文章的方向之一，如图 3-18 所示。而现实的解决方案，则如图 3-19 所示，有着各种可能性。同样一个问题，可以带来不同的解决策略。

图 3-17　一款可以用来边备料边看食谱的砧板

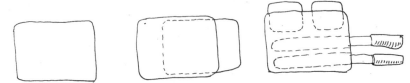

图 3-18　依据砧板备料的问题 4 所做的构思

图 3-19　带有收纳功能的砧板

　　以上 4 个问题只是可能的设计方向，创意点的寻找充满着无数可能，无论何种需求、问题，所对应的解决方式，都有可能带来形态的对应性设计。所以，从砧板的形态变化上来看，其形态的设计，是源于针对问题的解决措施而来。这与"形式追随功能"的箴言，有着异曲同工之妙。

　　与此同时，设计的信条也在不断变化之中。与"形随功能"相比，"形随行"（Form Follows Action）的形态观是美国艾奥瓦大学艺术史学院华裔教授胡宏述先生所提出来的理念。这个理念在强调产品功能的同时，更加强化了以用户为中心的人机交互设计。这里的"行"包括两个方面。第一种"行"，是指我们个人的行为动作、操作使用方式和行为习惯。研究我们四肢的行动，特别是我们手指的运作或操作，手指能按、扣、转、拨、扭、弹、指、抓、提、压、拔、推、拉、擦、画、刷、握，手腕的转动极限、手握的跨度等，这些在我们日常生活中都是经常需要的行为动作。第二种"行"是视觉功能上的，例如箭头代表指示我们行动的方向，而叉形符号表示不允许前进。而在圆圈中一条斜线，则已成为国际上通用的不允许、禁止的符号。有时我们也在某一简图前面画上斜线代表它是被禁止的目标或对象，像禁止抽烟、禁止拍照等。在公路上划分的分界线，也有"形随行"的含义，实线表示不可越线，虚线可以越线。

　　无论是形式追随功能，还是形式追随使用行为，我们可以推断的是，形态的设计与产品的功能息息相关。功能是产品形态设计中的重要因素。

| 功能与形态 |

　　圆形截面的铅笔和六边形截面的铅笔，究竟有什么区别？圆形截面的铅笔，存在着在桌子上滚动的可能性，甚至可能掉落地面，导致笔芯断裂；而六边形截面的铅笔，在桌面上不易滚动，由此导致笔芯断裂发生的可能性大大减少。相比正方形或长方形截面的铅笔而言，六边形铅笔握抓时更为舒适，不容易硌痛用户的手指。所以，六边形截面的铅笔满足使用时的两个重点：1. 使用时的舒适性；2. 放置时的稳定性。

　　由此可知，在产品设计过程中，针对使用时的不便和可能产生的弊端作考量，是可以从形态的层面来做一些文章的。

　　产品都有其存在主因，即功能。功能有着与之相匹配的构造。特定的结构方式可以保证特定功能的实现。在制造坐具、锅具、桥梁等人造物的过程中，要求产品的实际强度必须高于规定的设计标准，这就需要有能保证产品强度的结构，并且在设计时预留一定的强度余量，以保证产品在使用时的安全性。椅子在使用时坐面无法承重而断裂或脱落；锅子装满水后，在端起来时把手突然断裂；桥梁倒塌……在进行产品的形态设计时，这些安全隐患可以通过材料和工艺所搭建的结构来规避。

　　"足球是圆的"。如果足球是方的，还会存在足球这类体育运动吗？

　　无论足球、棒球、篮球还是乒乓球，这些都是以球体为主要形态特征的产品。随着人类生产加工技术的进步，制造一个近乎于完美标准的球体也并非难事。球体与球类比赛的关系，也就是产品与产品系统（人、机、环境）的关系。球体的形态特征能保证球类运动的顺利发展，这也可以视之为形态与功能关系的一种诠释。

　　就产品而言，所谓功能，是指产品的用途，体现产品使用的价值。产品的功能决定了产品存在的目的。以功能为价值体现的产品设计思路，将综合考量功能的达到途径，包括产品本身的形态、机构、材料、尺度设计，并着重强调因之而衍生的用户与产品之间的人机使用关系。在现实生活中，每件产品都具备功能。这些功能必须以产品形态为载体来实现，以细节形态为界面来传输，以形态指示为途径来操作。形态就是功能的表现形式，而形态的设计和制作，则以构成产品的材料工艺、技术和相关设备等物质技术条件综合构成。但是，功能不是形态设计的唯一决定因素。功能只是产品形态方面的理性因素，同样的产品功能，可以衍生出许多不同风格的形态。所以这里有一个寻找"度"的概念，意即：追求产品功能的完成效率与追

图 3-20　极具形态风格的麦金托什椅

求产品的形态美学风格之间的平衡度。如图 3-20 所示，麦金托什椅就是一个典型的范例。麦金托什是新艺术运动浪潮中的代表设计师，他的几何形态在设计中的应用可谓达到极限，以直线为造型特色的风格在其设计的椅子中展现无遗，黑色的高背造型脱离了人机尺寸的设定，风格夸张，有极其强烈的形式感。这种剑走偏锋的形式感是造型语言的淋漓展现，但同时也部分牺牲了"坐"的舒适性。在形态设计中的"度"的衡量取舍中，麦金托什选择了风格的凸显。

　　再以"容器"的产品概念来举例。生活中存在着各式各样的容器，例如笔筒、垃圾筒、文具盒、马克笔笔袋、旅行行李箱、调料瓶、环保袋、烟灰缸、书柜等产品都承担着"容纳"的功能角色。虽然收纳于其中的具体对象不同，但从本质上来说，这些产品的使用目的是相同的，都是"容天下之物"。容器，是用来包装或装载物品的贮存器（如箱、罐、坛）。容量与包容力，便是衡量容器容量的理性指标与感性评价。虽然都是容器，但我们可以对其功能细节进行分析，以推敲出基于不同存储对象条件下的形态差异，这些差异源于具体的使用与功能需求，而导致了产品形态、使用材料和使用方法等层面的区别，如表 3-01 所示。

不同"容器"的形态、使用方式与使用材料之分析   表 3-01

	形态风格	使用方式	使用材料
笔筒		插入式制笔的使用方式	塑料、金属等
垃圾桶		脚踩踏板，开口翻开	塑料、金属等
烟灰缸（户外）		烟灰抖在其内，并考虑香烟搁置的位置的细节形态	玻璃、塑料、金属等
调料瓶		将勺子与调料瓶的功能合二为一，在洒入之前先用眼睛预估用量	不锈钢、塑料、陶瓷等
行李箱		拉开手柄，轮子可使箱体轻松移动	塑料、金属等

续表

	形态风格	使用方式	使用材料
马克笔笔袋		折叠后拉上拉链，形成封闭壳体。卷起来以节省储存空间，利于携带	布料
衣架		利用线条衍生的形态，从单纯形态的极简化上，来实现产生挂钩与支撑衣物的功能	塑料、金属等

　　总而言之，我们为什么购买这款产品？因为我们需要通过使用产品来满足相关的需求，通过产品来帮助我们解决生活学习中各个层面的问题。这也是消费者的购买原因。无论是理性还是感性的用户需求，唯有产品形态所承载的功能才能满足之。须针对不同的实际功能需求才能定位出有细微区别的具体形态，而这些形态，又需要由不同的材料来塑造，并对应于不同的使用方式来完成产品功能。有些书上将这种解决需求的功能，称之为使用功能。使用功能，顾名思义，就是产品在满足人们的实际物质需求方面所达到的要求。指甲剪在个人卫生护理方面所起到的作用，扫帚在清扫房间灰尘方面所起到的效用，以及系列炊具在满足烹饪料理方面的需求等，都属于产品的使用功能范畴。

　　历史上，虽然有不少关于"形式追随功能"的负面评论与意见，但是这一信条依然是产品形态设计时需要重视的因素。即使是现在的界面交互设计，其基于用户体验的设计构思，也就是希望"功能实现得更为舒服"。沙利文的形态观并非以商业主义为设计前提，亦非以装饰性需求为考虑切入点，而是真实的以产品功能为设计核心，虽然在针对"以物的功能实现"

为主还是"以人的体验考量"为主的摇摆上有着近"物"而远"人"的偏颇，但从整体的设计发展上来说，"形式追随功能"兼以"形态考量使用"，两者的结合，仍不失为现代产品设计的基础。

产品的核心功能是指产品所应满足的主要特定消费需求，也是产品之所以存在的根本原因。一般情况下，产品形态设计普遍都围绕核心功能来开展，应用恰当的设计语言，为形态传递功能和使用信息而服务。探索应用何种材料和工艺，架设何种结构与机构，如何组合形色质因素等来保证核心功能的实现。

所以，作为产品形态的衡量评价标准，不可单单着眼于审美层面上的优劣，而需从其所赋予功能的载体之系统出发，综合考量形态对于功能和使用的推进程度。产品之所以存在，是为了让用户使用。由此，产品的形态必须依附于对某种技能的发挥和符合人们的实际操作等要求。功能与形态之间的关系，很大程度上，是设计师在进行形态设计时必须先考虑的基本因素。不同功能的产品，所表现出的形态也不同，甚至产生了一定的思维定式，意即：某类产品的形态可以视之为定型，脱离了这种基本定型的构架，产品功能的实现将无法有效传递给用户。好比大多数的坐具形态，一般都有着与臀部直接接触的平面，甚或还带有与背部相贴的平面：靠背。但是，在基础原型之上，通过对于功能的细化或增加，是可以使产品进行细节形态的设计调控的。譬如，杯子的功能是饮用液体，在满足盛水、饮水、倒水等基本功能的同时，还可以进一步关注手握的舒适性、清洗的便捷性、堆放储存的合理性等拓展功能，并凭借形态的设计来补充和完善。如图 3-21 所示，来源于泰国 Qualy 家居品牌的一款倒置的杯子，其形态的设计出发点，正是基于卫生健康的考量。杯缘的圆弧设计，让杯子在翻转之后，还保留有通风的空隙，以解决一般漱口杯始终存有水渍、倒置容易滋生霉菌的问题。而在翻转之后，牙刷还可以收纳入杯内的狭长孔径内。

通过对漱摇杯的观察分析，我们可以发现，这些辅助功能是造成产品差异性的重要细节，也成为相关企业进行产品研发时的功能定位。所谓功能定位，在很大程度上就是产品的独特功能。突出产品的高效性、准确性、

图 3-21　倒置的牙刷杯：漱摇杯

快速性、节能性和新技术等，都是增加产品独特卖点的策略，强调给消费者带来特别的利益和好处。从企业角度而言，也可以称之为"利益定位"。这个利益定位，也就是产品需求文档里重点书写的研发方向。

　　所有这些基于功能的形态设计，说到底，都是需要根据我们的需求来设定的。当你在生活中遇到问题的时候，以唐纳德·A·诺曼为首的朋友们都会去从设计方面找原因。换句话说，凡是能让你提升生活品质的需求，都很有可能成为新的功能或使用方法的构思之发端。所以，作为一个设计师，还是需要从自身和他人身上，去挖掘和梳理可能的设计点，而非直接开始通过自己单独的思维发散，来构思形态。如图 3-22 所示，是笔者所在项目组，针对室内门产品所梳理出来的设计点。

| 功能与使用 |

　　明确了"用"在形态设计中所起到的限制与引导作用，下面就需要关注怎么"用"？这就是理性的指示性信息的设计过程，也就是上面所谓"行"的考量。功能是需要实现的，如何实现，便是具体的操作信息的考量与设置。一步步引导用户进行操作，使其在不需要阅读使用说明书的前提下，便能快速知晓使用方式，这也是形态设计中，可以嵌入的限制因素。

　　既然功能必须以产品形态为载体，就需要以使用方式为实现途径来完

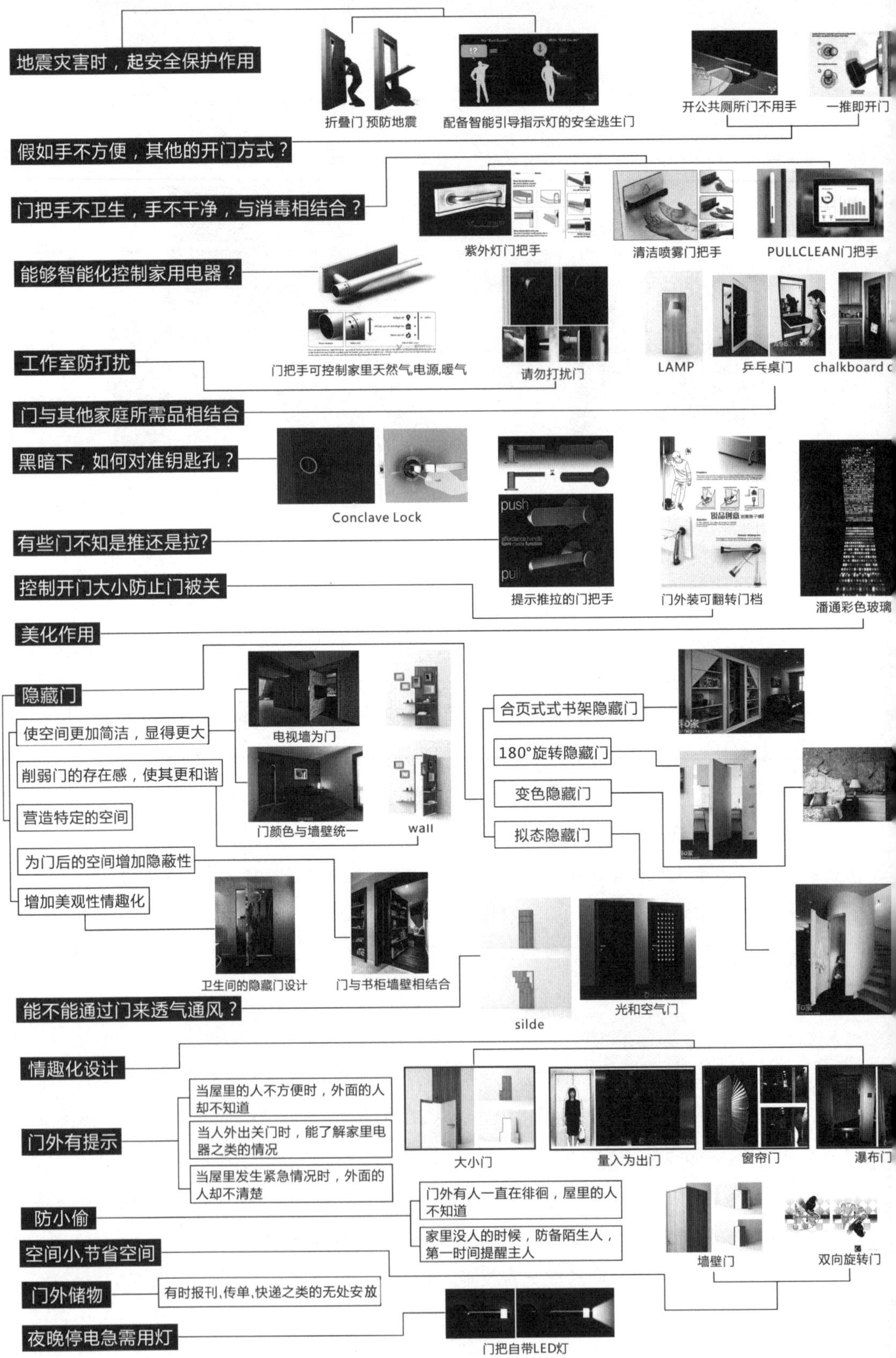

地震灾害时，起安全保护作用

折叠门 预防地震

配备智能引导指示灯的安全逃生门

开公厕所门不用手 一推即开门

假如手不方便，其他的开门方式？

门把手不卫生，手不干净，与消毒相结合？

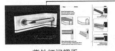
紫外灯门把手

清洁喷雾门把手

PULLCLEAN门把手

能够智能化控制家用电器？

门把手可控制家里天然气电源、暖气

请勿打扰门

LAMP　乒乓桌门　chalkboard c

工作室防打扰

门与其他家庭所需品相结合

黑暗下，如何对准钥匙孔？

Conclave Lock

提示推拉的门把手

门外装可翻转门挡

潘通彩色玻璃

有些门不知是推还是拉？

控制开门大小防止门被关

美化作用

隐藏门

使空间更加简洁，显得更大

削弱门的存在感，使其更和谐

营造特定的空间

为门后的空间增加隐蔽性

增加美观性情趣化

电视墙为门

门颜色与墙壁统一　wall

合页式式书架隐藏门

180°旋转隐藏门

变色隐藏门

拟态隐藏门

卫生间的隐藏门设计

门与书柜墙壁相结合

silde

光和空气门

能不能通过门来透气通风？

情趣化设计

门外有提示

当屋里的人不方便时，外面的人却不知道

当人外出关门时，能了解家里电器之类的情况

当屋里发生紧急情况时，外面的人却不清楚

大小门

量入为出门

窗帘门

瀑布门

防小偷

门外有人一直在徘徊，屋里的人不知道

家里没人的时候，防备陌生人，第一时间提醒主人

空间小,节省空间

门外储物

有时报刊、传单、快递之类的无处安放

墙壁门　双向旋转门

夜晚停电急需用灯

门把自带LED灯

图 3-22　室内木门设计需求的归纳图

成其价值与意义。所谓使用方式，在很多情况下，见诸于产品使用说明书内。这些使用说明是教授用户具体的操作途径，同时也是设计师在设计产品形态时，借由形态所指示出来的操作信息。换句话说，来自形态所传递的信息中，有部分是表现产品"怎么用"的信息内涵，对产品的类型、功能和使用方法做文字外隐形的说明。这也是产品形态本身所负载的认知功能，一般都表现于产品的形态细节内，尤其是产品的操作界面，包括可折叠的铰链、可按下的按钮、可推拉的滑块、可旋转的旋钮、可揭开的后盖，以及图标和相关功能按键处等。

剪刀是切割布、纸、绳等片状或线状物体的双刃工具，两刃交错可以开合。如何令剪刀可以两刃开合？用户需要借助手指相对与相反的运动操作这种使用方式来实现剪刀的功能。如图 3-23 所示，剪刀的形态设计即规定了使用方式，通过产品的细节形态与尺寸调整（大小孔径的设置）来传递操作方式的信息。

图 3-23　具备不同处理对象与具体形态的剪刀设计

　　随着剪刀的实际使用需求与对象细分，剪刀的形态开始多样化，如图
3-23 所示。有针对理发修发、医疗手术、个人护理（修眉、剪鼻毛）、厨
房用（剪骨剖鱼）、十字绣专用、夹核桃等，多种需求的剪刀，其形态也
应使用对象与功能需求之不同而有所差异。但无论何种剪刀，其使用方式
大致相同，与之对应的形态"雏形"都基本一致。事实上，生活中还有很
多工具，其使用方式都是借助手指的相对与相反的运动操作来达到功能的
实现，如老虎钳、尖嘴钳、夹子等。

　　由此可知，使用方式的设计，最终是为了功能的实现，需要被设计师
有机嵌入产品形态的设计细节之中。使用方式的便捷程度，相关使用信息
的传递快捷程度，在某种程度上，决定了产品功能的实现是否高效，也就
是功能的实现程度。

　　我们转换一下思路，重新从有趣的视角开始谈。试想一下，在现实生
活中，你是否遇到过用错了的产品？

　　当我第一次拥有苹果的 IPOD 时，会看到在主体正面的下方，有一个
很大的圆环，如图 3-24 所示。圆环上下左右各有一个图形符号，表示快进
后退。受了图形符号的影响，我始终在进行各种按压的动作，却不知道应
该如何针对屏幕内竖向排列的歌单进行歌曲选择。直到过了两天，我才突
然醒悟：这个圆环是可以用手指在其表面进行顺时针逆时针的旋转滑动的，
在转动的时候，竖向排列的歌曲就可以进行选择了；同时，还可以通过这

图 3-24　IPOD 简洁的界面及其多功能的圆环形控制界面

种方式，来进行音量的大小调整。

看来，产品使用的易用性，与产品的简洁程度之间，有一个人机磨合度的问题。在同样功能数级的基础上，形态越简洁，则易用性指标会越下降。似乎是一个天平的两端，一端是理性的使用指标，一端是感性的简洁指标，两者之间的一个度的选择，是设计师在构思时考量的重点。同样数量的功能，不是分别投射在不同的按键上，而是全部集成在一个按键上来实现，那么这个按键因其操作顺序步骤与多功能的设置，而令操作变得复杂。

所以，产品细节——尤其是与人发生直接接触来完成使用操作的部件形态，如果形态设计不够缜密，有可能会带来用户理解上的歧义，导致错误的操作结果发生。

如图 3-25 所示，有各种产品的操作界面形态设计。我们对其进行了分析再现，会看到一些有趣的现象。

左边是水龙头的形态设计。这个形态的向内中空的设计，会让人自然地联想起管道，水将从管道内流出。但是具体应该怎么样操作以出水呢？

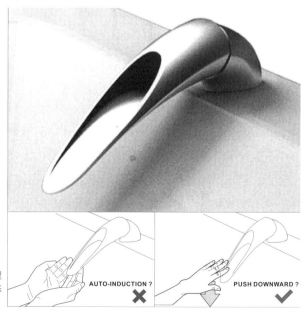

图 3-25　可能会带来理解歧义的产品的细节形态设计

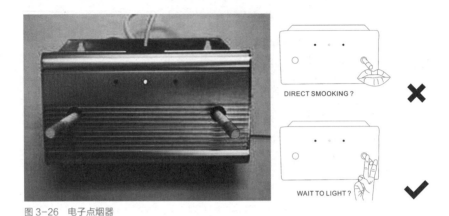

图 3-26　电子点烟器

你没有找到任何的按钮或者开关，你会猜测，这应该是一个感应式的水龙头，手靠近的话，或许就可以出水了。然而，你再怎么凑近，始终出不来水。于是，你开始东摸西摸，直至整个水龙头被你按压下去的时候，水才开始潺潺流出。这并非是一个恶劣或考虑不周的设计，只是其形态的人机磨合需要有一定时间来揣测推理。

　　在浦东机场候车时，于机场吸烟室内，发现有图 3-26 这款电子点烟器。左右各有一个小洞，指示用户将烟插入，除了这个小洞，也就没有任何别的按钮等关乎操作的细节形态了。那么插进去之后，烟应该如何被点燃起来呢？不确定具体燃烟头方式的你，一头雾水地左顾右盼，或者就像用打火机点烟时，嘴要叼住烟往里吸一样，我将烟插入后，直到被内部的硬物顶住，嘴凑上去含住烟嘴开始吸。再怎么用力，似乎收效甚微，你无法察知烟头是否被点燃，又或者点燃的程度是多少，什么时候可以开始拔烟？

　　天，脸皮薄的人开始局促不安。让我们陷入窘境的设计，终究不能算是一款细腻体贴的产品。哪怕是在旁边的墙上贴上使用步骤，也可以让人一目了然、放心操作呀？事实上，你只需要将烟插入，在插到被内部硬物（也就是火芯）顶住时，不用移动，顶半分钟，烟头就被火芯点燃，拿出来之后，点烟任务宣告完成。

　　所以，产品形态的设计，除了征兆着功能的蕴意之外，其细节设计，

则需要聚焦于使用信息的准确传
递。各种操作的动作，在设计时
都要考虑配套相应的形态。这些
形态细节通常都包含了用户操作
时的状态考量，避免设计出让人
产生操作歧义的细节形态。设计
时，通常都以用户的生活经验与
行为习惯为切入点。

图 3-27　图形、符号与文字的信息传递辅助作用

　　最简单的方式，就是加上文
字或图形符号，来明确传递操作相关的信息，即操作之后的状态表示。如
图 3-27 所示，车辆各类控制开关上印刷的图案或文字，可以辅助用户在未
操作前，便可预判操作之后会出现什么反馈后果。同时，这些图案与文字，
围绕在一个圆环上，帮助用户进行以圆形为轨迹的"环状"操作。

　　例如，在图 3-28 中，当用户看到咖啡机正面的按钮、键盘的按键和
MP3 上的按键时，这些按键与周边的形态差异，会传递出"按"的操作线
索，用户就会知道这几个按钮需要通过按压来完成操作；在图 3-29 中，当

图 3-28　"按"的操作线索

图 3-29　"拨"的操作线索

用户看到产品的拨键时，会发现其明显凸出于壳体表面，其"按"的意味，远弱于"拨"或者"转"的指示意味，于是，大部分用户都会首先把住这个凸出来的形态，进行旋转拨动操作。在图3-30中，用户可以清楚了解到空气炸锅的把柄、车门的把手和咖啡壶柄，其曲面都是向外拱出，且与主体壳体形成半包或全包的"环"状形态，产品由此而传递出往外"拉动"的操作信息；在图3-31中，产品通过对于铰链形态的认知，或者对于圆盘形态上凸条，或者圆盘上手转部分材质的差异化强调，来进行"旋转"这一操作步骤。

图3-30　"拉"的操作线索

图3-31　"转"的操作线索

图3-32　"插"与"夹"动作在产品使用过程中的体现

如果给你一个动词，让你设想出所有可以满足这个动词的动作状态的形态，你会想出多少种？

我们从图 3-32 中可以看到，国外设计师设计的放置雨伞的装置，就是其中"插"这个动作的实物化。而右边电线固定夹的使用关键，就在于"夹"这个词。

当然，并非所有的产品都必须严格、准确地传递使用信息。有时候故意设置一些歧义，或者增加一些对于形态线索理解上的难度，反而也能起到避免产品"同质化"的作用，并且给用户带来"与众不同"，甚或"鹤立鸡群"的有使用难度带来的自我认同感。

那么，如何通过设计，来传递有效的使用信息呢？我们试着归纳出如下几种方式。

1. 经验性

产品语意的表达应当符合人来自感官经验的直觉感受。当使用者看到或摸到一个产品的部件时，产品的形态语意会通过以往生活经验告诉他应该怎么使用。如图 3-33 所示的插头，啮合形态的设计，是非常明显的指示"插入"的形态语意。细孔或细缝可以插东西进去，通过凹凸啮合的形态，会下意识地如此这般地开始使用起来。不同的缝隙或槽，带来的是 USB 或插头的对应啮合。如图 3-34 所示，条状形态与主体之间存有空档，很容

图 3-33　两个产品之间对应啮合的形态所带来的使用信息

图 3-34　与主体之间存有空隙的条形形态所指示的"提"的动作指示

图 3-35　圆形形态辅以符号说明与轨迹线指示，容易让人不自觉开始进行扭转

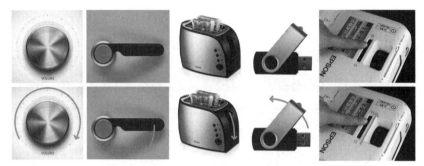

图 3-36　具备行进路线的操作方式通常都带有显性或隐性的轨迹线

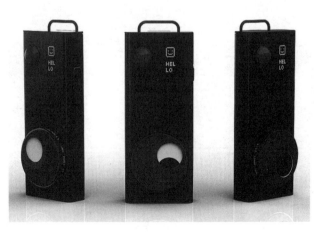

图 3-37　通过旋转来指示工作状态的形态设计

易让人将手掌插入，实施"提"的动作。如图 3-35 所示的按钮，圆形形态让人下意识开始对其进行旋转。每个人脑海里都存有一个基于生活经验与使用方式所构筑成的"动作库"。看到什么形态，用户的脑子里就开始按照经验来推断相对应的操作动作。所以，在形态设计时，融入共性的操作经验，来指导形态的设计，将有效提高人机磨合度。

2. 方向性

产品语意的表达有时候也需要提供方向指示。许多时候产品的使用、安放等操作细节，都具有方向性，如产品的按键分别表示前进、后退，或者按键需要沿着某种轨迹线进行操作等限位条件得到满足，才能够发挥作用。如图 3-36 所示，U 盘的形态加入可旋转的铰链，我们将其视之为隐性的圆形的轨迹线，来使保护壳在开与关之间指示可否插入的信息。

3. 状态性

产品的语意需要表达产品的状态含义。产品在使用与不使用时都会呈现不同的状态，有的状态可以被用户发觉，有的状态却不易被发觉。而不易被发觉或者没有操作反馈的情况，容易带来产品操作的障碍。所以，我们也需要通过产品的语意来辅助指示产品所处的工作状态。如图 3-37 所示，操作部件通过转动所呈现的黄色和黑色，意图非常明显，是为了起到提示是否处于工作状态而设置的形态设计。而这种使用方式的"形态"，让人容易联想起月有阴晴圆缺的情境。

4. 比较性

在听音乐时，可以随心所欲地提高或降低音量。这就意味着产品在使用过程中，出于不同使用效果的达到，往往需要进行包含比较和判断意味在里面的语意传递。产品的语意设置可以帮助用户更为直观快捷地明确比较的结果，进行准确的选择以达到理想工作状态，如火力的大小、声音的轻重等。当我们进行选择时，其实选择的过程，很可能就和之前所叙述的方向性，有设计上的重叠。

如果要体现出比较的含义，会有许多形态设计通过视觉传达的方式来完成。如图 3-38 所示的音箱，通过"+"与"-"的符号标识来表示音量

图 3-38　便携音箱用来选择音量大小
的按键形态及其标识设计

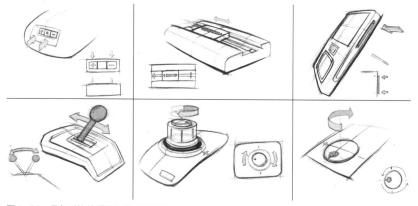

图 3-39　具备对比性质的细节形态设计

的大小。如果尝试采用其他的设计
途径与形态细节来展现具备对比性
质的按键，我们还可以勾勒出如图
3-39 所示的设计草图。

　　如图 3-40 所示，这是常见的
汽车空调旋钮，不仅通过蓝色与红
色分别表示制冷与制热，还通过色
块粗细表示温度的高低。这与水龙

图 3-40　汽车空调旋钮

头上常见的指示出水温度高低的设计本质是一样的。在这里，形状的粗细与
颜色，共同构筑了包含有选择的使用情境。

　　从以上的范例中可以获悉的是，现实生活中的千万类产品，依据其使用功能的不同，都有着可以对应的数以万计的使用方法。单就手控类产品而言，就有着许多差异性的手势与动态，这些手的动作都有着对应的形态，如图3-41所示。换言之，在进行形态设计时，我们需要熟知并定位各种形态与操作方式的匹配原则，并将其运用在具体的细节形态设计中。如果设计出操作与形态不对应的产品，则会给用户带来操作不便的负面影响。例如在汤锅的设计中，如果两侧耳朵距离锅体太近，一旦锅体内处于高温状态，则用户在端起锅子时，手会接触到高温，而导致事故发生概率增加。所以我们需要重新设计其形态，并作相应尺度的调整，以规避设计可能存在的安全隐患。

图 3-41　在操作不同工具时手的具体动作状态的差异性

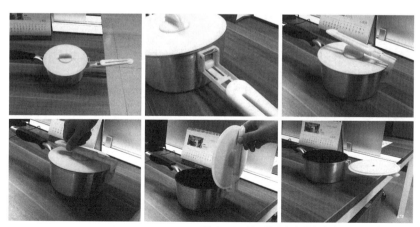

图 3-42　基于物流与存储考虑的锅具配件形态设计

以一款锅具的设计为例。如图 3-42 所示的锅具，在其锅盖的形态设计上，将提钮一切为二，分成了两片。同时，锅具长柄把手可以折叠，提钮利用自身材料的弹性，可以嵌入折叠之后的把手中间的槽内。这种形态设计的思路，主要是考虑到在运输过程与家用厨房环境中，整体锅具可以节省存储空间；同时，在运输过程中，锅盖与锅体整体相嵌，可以让盖子不会因为路途的颠簸而移位甚至掉落下来。

形态的功能性，在很多情况都需要通过用户的操作来实现。产品形态中与用户接触的部分，称为"机能面"。例如椅子的坐面和靠背、电动工具和炊具的手把、瓶子的盖子、电器的按钮等，都可以视之为产品与用户发生关系的机能面。机能面的形态，在很大情况下决定了使用信息的传递效率。对于机能面形态的设计重点，时常聚焦于如何提高人机磨合度。产品越容易被用户学会使用，则意味着人机磨合度越高。

产品的操作区域，即机能面，要与产品形态的非操作区域有一定差别，让用户一看就清楚哪些部件或者细节形态是和操作相关的。不同的操作区域要通过形态来传递有差异的操作方式，使用户基于以往的操作经验来正确区分。只要产品形态能让用户轻松理解，方便使用，有效避免误操作，那么这个产品形态设计的基础意义便已实现。

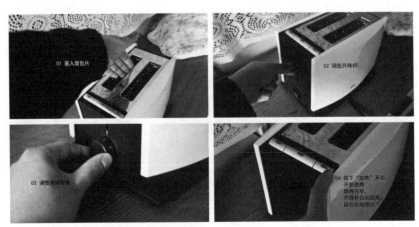

图 3-43　多士炉（烤面包机）的基本使用流程

下面，以厨房用品多士炉产品的设计为例，来看一下功能与使用因素的考量所导致的形态设计。多士炉也被称为烤面包机，是用于烘烤面包片的电热炊具，可以将面包片烤成焦黄色，使其香味更浓、口感更好。多士炉所包含的部件主要为一个多功能烤箱、隔热炉面和提升机构，有些还含有可分离式的面包屑底盘以及防尘盖。根据多士炉的功能和使用方式不同，可以分为跳升式、自动—手动调节型和时控型的多士炉。发展到现在，还可以看到同样能烤圆形面包和馒头的多士炉。

多士炉的基本使用流程步骤如图3-43所示。

从网络搜索得知，市面上现有的多士炉产品的形态风格大致分如下几种，我们可以对其形态风格、使用方式与细节匹配作分析。在分析了不同多士炉的风格、控制界面的形态要素之后，我们可以试着来设计不同的多士炉形态：整体形态的主导性元素为直棱体或曲面体。注意各种组合加减方式的使用，也可灵活加入面片等其他造型要素，来塑造各种风格的多士炉产品形态，如简约、圆润、可爱、理性、机械、仿生、微建筑等。有关使用的细节形态须注意其使用信息的传递。与此同时，多士炉的关键使用，牵涉到如下控制要素："加热"开关（指示灯反馈）、"停止"开关（指示灯反馈）、"解冻"开关（指示灯反馈）；升降杆；烘烤程度控制。这些均以按键、按钮的载体形式出现。基于功能与使用条件限制的部分形态设计方案展现，如图3-44所示。

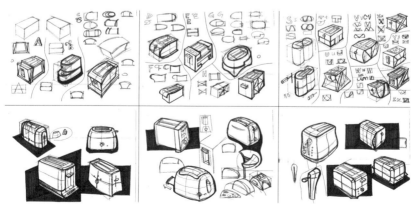

图3-44　多士炉（烤面包机）形态设计草图

3-04 有材 | MATERIAL

吹弹可破，肤若凝脂。白里透红，与众不同。

这些似乎都出现在陪伴着魅惑声调的化妆品广告词当中。产品也可以像人一样，借各种表面处理工艺为化妆品，百般涂抹之后，呈现最动人的皮肤效果。但人无论如何涂饰妆扮，本身的肤质，才是最重要的底子。化妆终究只是手段，可以令你的肤质锦上添花，却不能增强皮肤的性能，可以治标，却无法治本。材料的表面处理工艺，却可以令你内外双修，不仅表面效果动人，其内部性征也可部分巩固强化。

图 3-45　不同材料所塑造的坐具

　　同样的一个对象，借由不同的材质来制作处理，会体现出不一样的质感，对"观众"来说，自然也会衍生出丰富的心理感受。如图 3-45 所示，同样的坐具，用来连接各部件而形成整体轮廓的，是不一样的材质。不同材质，述说的是不一样的故事，这个故事的逻辑脉络，便是坐具们的骨架，而这个故事的血肉，则是由不同材质的表面效果来丰润。

　　藤条是一种自然材料，而 PVC 则是现代人工材料。前者粗糙质朴，后者简洁顺滑。同样用来作为坐具的制作材料，会因为两者不同的连接工艺，而造成形态的差异。在图 3-46 中可以看到，藤条适合用来编织，浸在胶粘剂里"膨胀"，可以处理成一个个的小球。这些小球就是单元体，利用单元体集合的形式法则，可以聚合制作成整体柔润顺畅的曲线造型。而在图 3-47 中可以看到，PVC 管可以直接用胶粘剂进行组合，依然采取单元体集合的形式法则，塑造出以山峦之形象为喻体的形态。可见，利用相同的形式法则制作坐具，会因为材料的特性与加工方式不同，制作成形态不同的基本单元体，并进而整合塑造出心理感受大相径庭的形态。

　　特定的材料与特定的工艺技术，可以创造产品特定的形态。所以，材

图 3-46　以藤条为材料的坐具形态

图 3-47　以 PVC 管为材料的坐具形态

料与工艺的确定，会给产品形态打上属于它们自己特性的烙印。这种特定的烙印，便是所谓的"样式"，换句话说，样式是具备由材料与工艺所带来的共性。譬如 20 世纪 30 年代风靡世界的流线型样式的甲壳虫小轿车，就正是由于大面积钢板一次冲压成型技术的成熟，而一改此前的厢式车厢的样式。所以，从这个角度来看，样式——更多的是受制于机械化批量生产所应用的材料及其加工工艺，是技术因素的反映，属于生产范畴。

产品形态的实现要靠材料。新材料不断出现，改变了人类传统的选用材料的方式，因而也促使了传统形态的革命性改变。运用新的材料来实现产品形态创新，是人们逐步认识材料特性和利用材料特性的结果。在自然界中存在的材料，都有各自的性能特征。这些性能特征主要体现在物理、化学和视觉等三个方面。物理特性主要体现在材料的强度、刚度及光电性能等方面；化学特性主要体现在材料的抗腐、防腐能力及其他化学特性方面；视觉特性主要体现在材料的形态、色彩与质感等方面。这些材料的综合特征与生产、加工、使用等因素结合起来必然会衍生出如成本、价值、结构、美感等与产品形态有密切关系的要素。

那么，不管是什么产品，应该给它蒙上一张什么样的表皮，或者说，给它塑造一个什么样的样式呢？

如果无论什么皮都可以蒙，只是单纯地出于"只是塑造不一样的视觉与心理感受"这么一个切入点的话，那么产品设计看起来就容易多了。事实上，材料的选择，不只是"看上去有什么样的感觉"这么简单。产品终究不是单纯的艺术品，是要被使用的。所以，用起来会怎么样，这个功能怎么实现，尺寸应当多大比较合适，这几个问题，自然也要结合到产品材料的选择依据里面。

| 材料选择 |

如前面所述，根据材料的脾性与特点来制作产品，和有了产品构思之后去寻找相应的材料来设计，这两种情况在设计史上屡见不鲜，并行不悖。

图 3-48　手电钻钻头材料的选择

1. 材料本身的特有性能

在传统的产品设计材料选材中，材料的物理性质是选择材料的基本点。主要包括材料的强度、疲劳特征、设计刚度、平衡性、稳定性、抗冲击性等。这方面的选材方法已经相当成熟，日臻完善，我们可以使用相关的计算公式及图表来作出选择和分析。

如图 3-48 所示，在手电钻的使用过程中，工人会根据孔的不同大小以及墙体材料的软硬程度对钻头进行选择。

2. 材料的安全角度因素

材料的选择会充分地考虑到可能预见的各种危险，例如防滑、防撞等问题。在很多家居产品中会运用到这个材料的选择因素。图 3-49 中，有一款浴室用的防滑垫，用一种聚乙烯泡沫材料制成，看上去就像是一块草坪，绿意盎然，自然清新。浴后在草坪上赤脚散步的感觉，就由这种可塑性极强的材料，搭配上创意十足的想象，结合而成。

如图 3-49 所示，这款防滑垫是为了防止人们在洗澡的过程中跌倒而设计的，设计师通过调研发现老式的防滑垫遇水之后容易移动。为了解决这个问题，设计师在防滑垫的底部设计了很多的小吸盘，解决了这个问题。同时选用席梦思材质，透气且速干，减少了防滑垫的污垢存留问题，安全又健康。

3. 材料对于环境的影响要注重可持续性发展

好的绿色产品和环保材料，都需要在设计过程中的每一个环节进行环境因素评分。强调保护环境、防止污染和非再生资源的滥用。

如图3-50所示，这是由浙江的三位青年教师李游、张帆和杨程所设计的一把由竹材制成的"竹语"伞。"竹语"来自杭州著名品牌天堂伞，既融

图3-49　防滑垫材料的选择与形态的设计结合考虑

图3-50　竹材制成的雨伞形态

合了西湖绸伞的传统工艺，又具备现代简约的轻巧形态，极具诗意。使用竹材，最本质地保证了材料本身的气质，给人一种自然、温和、亲近的感觉。但最重要的是，竹材源自天然，本身无毒无害，用胶量极少，可以确保甲醛挥发量控制在不影响生物健康的范围之内。竹材的加工过程主要是刨、削等物理加工，基本不产生化学反应，对环境和生态所产生的损害极小。此外，竹子的砍伐不破坏生态，还有益于其再生；而竹制品在自然条件下可以很快自由降解，不产生二次污染。使用竹材，可以做到绿色环保的可持续发展。

4. 针对不同的人群选择不同材料

不同年龄段对于材料的选择差异性较大，例如在儿童产品设计中，若使用金属、玻璃等硬质材料，不能存在有危险性的毛边和羽状物、卷起、尖突等，避免将儿童划伤。与此同时，儿童产品还需要考虑到材料的承受强度和力度。儿童好动，对于儿童产品来说耐磨性和抗冲击性应该要强一些，避免破碎造成的伤害。

如图 3-51 所示，这是由挪威设计师受邀参加美国现代艺术馆举办的"新北欧——建筑与风格展"时，所设计的一套纯手工打磨的木质玩具——海上采油平台与油轮。在儿童玩具的形态设计中，我们可以发现，产品形态极其圆润，这是为了避免尖锐的造型对孩子造成伤害。同时，一体化的造型设计，摒弃细碎的小零件，也可以增加产品的安全度，避免孩子的误吞。最后，木质材料本身自然环保无害，对孩子的健康也不会造成威胁。从这一点上说，也是材料在选择时需要考虑的安全性因素。

5. 用户需求驱动的产品材料选择

通过新材料来满足用户的视觉美需求。现在科学技术的发展，新材料和新工艺在不断地拓展，给设计师提供了巨大的设计空间，通过新型材料的巧妙运用可以提高消费者的关注度，增加购买力。

如图 3-52 所示，受到一堆叠放在一起的塑料桶的启发，丹麦设计师维纳尔·潘顿（Verner Panton）在 20 世界 60 年代设计出 Panton Chair。这种坐具是由塑料一次压膜成型的 S 型单体悬挂椅子，也是世界上第一把以塑料为材料并且一体成型制造的椅子。整体形态一气呵成，简约大气，

图 3-51　北欧设计师纯手工打磨的木制玩具

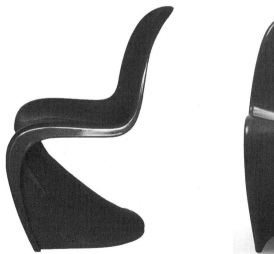

图 3-52　潘顿椅利用塑料成型工艺所制作的形态

在当时的人们看来，不可谓不惊艳。事实上，潘顿椅的脱颖而出，其间也经历了数次材料的实验与替换。

　　6. 材料选用时的成本运算

　　从企业角度出发，在产品研发中材料的选择需要在用户体验度、成本价格和市场价格三者间进行一个比重的权衡，用最节省成本的方式来达到最好的用户体验效果。

　　如图 3-53 所示，这是西雅图设计工作室 Graypants 所设计的灯具，在米兰家具展中大放异彩。在这个设计中，设计师利用回收的残余瓦楞纸制作成灯罩，通过激光雕刻出不同大小的圆形，相互胶粘在一起，大大减少了产品的成本。同时，设计师巧妙的形态设计和暖色调灯光的运用，让整个产品更加具有设计感和现代感。这也是宜家一直崇尚的一种消费理念，在成本和体验中找到最完美的平衡，提倡用最优惠的价格享受最高的设计品质。

　　新材料的出现几乎都能带来形态上的变化，在某些时候，甚至是推动形态发展到新领域的决定性因子。塑料的出现即宣告了产品形态可塑性大大加强的时代之到来。而蒸汽处理木材的新工艺的诞生，则推动了弯木椅的横空出世。

　　每种材料都有其特定的工艺，并根据工艺来塑造其擅长的形态。所以，材料和工艺与形态之间，有着匹配关联。材料都有自己的脾性，这种脾性体现在材料本身的物理、化学性能，及其所导致的适宜的表面处理和连接方式上。只有摸清材料的脾气和特性，才能有的放矢地使其发挥效益，以匹配合理的结构、机构与形态。没有什么材料是可以违反其特征与脾性而被强硬塑造成任意天马行空的复杂形态。

　　仅仅对一种材料熟稔，对于产品设计的帮助有限。各种材料的特性与连接工艺，是形态设计时必须要紧抓的相关知识。

　　形态设计的受限主因在于技术的限制，而技术的限制往往来源于材料的限制。针对材料的技术，包括表面处理与连接工艺等，必须要有足够的认识，才能体会到与之可以匹配的形态构成种类。

图 3-53　以纸张为主材的宜家灯具形态设计

| 材艺与形态 |

　　材料及其工艺，笔者暂时将其合并称之为"材艺"，以取"材料之技艺"之语境。

　　材料与工艺技术仍在不断发展中。新材料和新工艺固然可以为产品形态设计提供新的途径，但现有的材料和工艺则亘古不变地制约着相关形态的创新。

　　不同的材料有着各自的适宜的加工方式，包括连接工艺方式和表面处理工艺等。换言之，不同的材料有其特定的形态发展途径。有些材料适合做直棱体，而要处理成曲面体则难度颇高。有些材料则通过特定的加工方式，可以塑造各种类型的曲面形态。掌握材料的脾气，可以游刃有余地将其打造成合适、合理的特定形态。

　　为了追求与市面上同类产品有差异性的形态，我们可以设计出许多具备强烈风格特色的产品形态。但在实际生产环节中，这些形态或多或少都有着与工艺无法匹配的问题，导致最后落地时，与原先方案的形态有较大差别，甚至完全无法落地。

　　在设计选材时，在不影响造型功能的前提下，我们需要选择那些加工工艺简单方便的材料。从经济上讲，这也可以降低产品的生产成本。一般情况下，同性质或形状的材料，加工工艺简单者优先。但加工不能破坏或改变材料的性质，而应更有效地突出材料的优势。

　　材料不同，加工工艺就不同。木材与塑料的加工方式大相径庭。木材加工成型方式主要就是改变原来的形态。譬如木门的制作，在备料过程中，针对木材进行旋切或刨切制成薄木贴面与方材，针对方材切割备料，进而以梳齿榫的方式接合，压制在一起形成集成材，附上木皮之后，形成门芯板的原型。由于木材本身的特性，所以大多数木制品通常都可以看到部件之间的接缝，无论是以榫接、胶结还是枪钉连接的方式制作。而塑料则需要利用各种形态（粉末、粒料、溶液或分散体等），结合模具匹配，通过挤出、注射、压延、吹塑等各种方式成型，完全可以做到一体成型，而看不到任何接缝。

　　材料相同但造型不同，其加工工艺也有差异。塑料的原料通常情况下是颗粒状的，其加工形态受安装在注塑机上模具的制约。如果是塑料板材，则要用切割、热弯变形、黏结等工艺来造型。

　　此外，根据材料的性质来选择合理的加工工艺，是最为合理与奏效的方式。事实上，在一般情况下，加工工艺主要就是根据材料特性来安排的。譬如切削加工工艺，通常都是针对刚性较好的材料；而锻压和冲压加工，则适用于延展性较好的材料；至于挤压和吹制成型，大都应用于熔点较低、拉伸性好的材料；热弯加工更是只能应用于具有一定硬度和韧性的材料。在选择加工工艺时，加工后对材料本身性能影响不大的工艺，是首选要点。

　　加工工艺除了考虑材料本身的特性之外，也需要考虑所设计研发的产品形态结构。简单的结构通过切割、铣、刨削、磨、钻等工艺也许就能完成，但相对复杂的结构就很可能需要通过模具成型的方法来实现。至于特别复杂的形态，如汽车、机械设备等，则需要分类协同加工，然后再进行组装。

　　以锅具为例，来看一下形态方案与结构、工艺匹配的程度。笔者在与国内某锅具品牌合作的过程中，了解到对方的锅具制品主要以铝锅与不锈钢锅为主。锅型以汤锅、炒锅与奶锅为拳头产品，三种锅以套装锅具的途径内销。从形态角度而言，由于锅盖与锅体主要由拉伸工艺完成，形态变化主要集中在锅体直径长短的调整，在现有生产条件基础上，形变的可能性不大。所以，通常都以包括提钮与把手在内的锅具配件为切入点来进行形态的设计。其中，不锈钢锅具的锅体与配件之间的连接工艺，以点焊与铆钉连接为主；而铝锅的锅体与配件之间的连接工艺，以铆钉为主，如图3-54所示，上下两口形态不同的铝锅，其把手与锅体之间的装配均为铆钉连接。下面的蓝色铝锅加入了防火圈，以遮蔽结构的外露。在满足装配连接工艺的基础上，我们可以针对配件，也就是提钮与把手，来进行尽可能多的形态构思。

　　下面，我们来进行铝锅的配件(提钮与把手)形态设计之尝试，如图3-55所示。在这些方案中，有可以落地的形态，但也包含着如图3-56所示的无

图 3-54　铝锅锅具锅体与配件之间的装配

图 3-55　具备生产可行性与材料可加工性的锅具形态设计

法落地的形态，其原因可能在于材料的工艺成本太高或成型难度太大，也可能在于企业不具备该种材料的特定生产条件。此外，无论配件的具体形态是何种风格，在与锅体连接的界面处，需要有两处以上的面状形态来与锅体边缘贴合，以利于铆钉连接工艺或点焊工艺的实现。

　　此外，我们再针对不锈钢锅具的提钮与把手形态来作形态设计。需要注意的是，把手的构成，以钢丝件折弯或浇铸成型两种为主。折弯工艺，指示着把手是实心把手，然后想象成一位巨汉用铁锤将其逐步锻打成折弯后的形态；而浇铸成型，则意味着把手的工艺成本提高，也可以塑造出更多、更复杂的空心形态，如图 3-57 所示。所以，如果需要制作把手截面尺寸更大、宽窄不等或截面形状有渐变的把手形态，单纯的钢丝件折弯是很难完成该类效果的。

　　在进行材料及其工艺匹配的时候，我们会注意到简约的形态更容易符

图 3-56　不具备生产可行性的锅具形态设计

合生产工艺，具备更高的可行性。从企业的角度出发，产品形态复杂很可能会导致制造和维修的一系列问题，造成生产成本提高、人力资源浪费、制造时间损耗以及维修难度加剧等现象。为了避免上述问题，在进行形态设计时，需要在合理的范围内，选择更加简单的形态，以避免过度的装饰或者过于复杂的形态妨碍产品的功能的发挥和使用。

　　而从用户的角度出发，简单的形态在很大程度上就意味着操作的便利

图 3-57　把手与提钮的钢丝件形态设计

性。过于复杂和掩盖使用信息的产品，其人机磨合度低，用户完全熟悉操作过程，需要适应更长的时间。

　　当然，形态并非单纯的越简单越好。倘若是为了高效体现功能和传递使用方面的指示信息，那么以功能为核心来实现最大程度优化的产品形态，越简单越好，这也是一种最佳的形态配置。但基于用户喜好的层面而言，尤其是作为装饰等文化品位价值的需求来说，这个原则就不一定完全适用了。

　　此外，简单的形态很有可能也会流于形式主义，极简主义的设计中，甚至会出现为了保证形态上的极简化，而牺牲使用层面的便利性。这也是为了迎合看重消费价值远重于功能的用户群体。

3-05 有色｜COLOR

用一号专车叫出租，在电话确认接客地址时，有的司机会补充问一句：你穿的是什么衣服？这个时候，你会怎么形容？是描述衣服的款型，还是衣服的颜色？相信选择衣服颜色去回答的人会更多。一来颜色容易描述，二来在较远的距离，颜色的辨识度会比款型更高。看来，颜色在描述事物对象特征的过程中，有着非常明显的重要意义。

形态设计中的色彩，包括色相、明度、饱和度等属性，这些属性都对产品色彩配置起着重要的作用。

同样的形态，色彩配置或色彩组合方式的不同，会带来心理感受的差异。同样，色彩配置与组合也必须以产品形态为载体。产品色彩通常分为固有色和人工色两种。固有色是物体对象本身所固有的属性在常态光源下表现出来的色彩。固有色只是一种习以为常的称谓，便于人们对色彩进行观察、分析与评价。产品的固有色一般均基于材料本身的视觉特征来体现，而人工色则需要通过各种材料表面加工工艺来实现。

色彩的有限选择性，体现在色彩在产品形态中的诉求，必须符合实际操作的引导性与用户们的情感需求。在具体的产品色彩设计中，应在对"人"的认识和研究上找到设计依据，以产品的设计色彩如何适应人的生理和心理需要为基础，来解决使用时的指示性与情感心理的舒适感问题，从而使"人"的各种需要与产品的色彩设计联系在一起。例如：青年人性格活跃，喜欢新潮和刺激，因此为青年人设计的产品适合采用奔放、轻盈的绚丽色彩。日本雅马哈公司设计的摩托车，正迎合了青年人的情感心理需求，车体外观色彩银灰色间杂红色块，独具新潮风格，深受青年人的欢迎。可见产品设计不仅要满足消费者在功能方面的需求，而且更重要的是满足他们心理和情感方面的需求，使产品更加人性化。

就工业产品而言，色和形是紧密结合的一个整体。设计师在设计任何一款产品时，通常把形态设计放在首位，但人们接触任何一款产品时首先感知的是其色彩，其次是它的形态。因此色彩具有主动的、吸引人的感染力，能先于形体而影响人们的情感。在产品的色彩设计中，必须始终贯彻工业设计中追求人性化设计的基本理念，使色彩配置能与产品功能相符，与产品的使用环境相符，更要与人在生理、心理以至情感上全面匹配。总结来说的话，在进行形态色彩的配置时，我们需要注意色彩与功能的关系，色彩与目标用户的关系，以及色彩与环境的关系，亦即形态色彩与人、机、环境之间的交叉感染性。

| 功能与色彩 |

产品的功能是产品存在的前提。产品功能的传达主要是通过本体感为

主的综合感觉符号来实现的，产品色彩作为视觉符号并不直接传达产品的现实功能，但应该帮助传达产品的功能。如果产品色彩与产品的功能相悖，必然会对产品功能的可靠性在心理上产生某种不信任感。这就是我们在进行产品色彩设计时应该考虑的功能性原则。

常见的色彩功能，主要是以突出产品特定的使用价值为目的，如建筑工地的安全帽采用高纯度的红、橙色，有表示警告和安全的意义，消防车采用红色是给人们一种警示、告急，以传达产品特征的色彩形象功能。如IBM的电脑产品一贯以黑色为主色调，配上三原色组成的字母标志，形成了其特有的产品形象。还有区分系列产品中不同价格档次、不同类别产品的分类、分档功能，以及刺激消费心理的营销功能、审美功能等。产品设计色彩的人性化表现不仅满足以上功能性需要，而且满足了现代人追求个性、时尚、富有情趣的心理需求。

美国一家咖啡店老板曾做过这样一个实验，相同的咖啡用不同颜色的咖啡杯来盛放，大多数人都认为红色咖啡杯中的咖啡最具有香浓醇厚的联想，这就是运用视觉语言来增加味觉功能的传达。因此雀巢咖啡的杯子选择了红色，在长期品牌宣传的过程中，看到红色和咖啡的组合就能联想到雀巢，红色成为雀巢咖啡最有价值的色彩信息。还有像电扇、空调、冰箱之类的产品，其功能是降温和保鲜，如果采用红、橙色调，会让设计师或厂家担心用户对它的凉爽感和制冷性产生些许怀疑，这就是这些产品主要采用冷色或偏冷的明亮色调的原因。同样，形似电扇的反射式红外取暖炉，通常不会采用和电扇相似的冷色调，而是要利用有温暖感的红色这一视觉语言来衬出作用于触觉的功能传达。又如卫生用具和医疗产品宜用浅淡、洁雅、柔和色，表现出平静安全的特点，如果是刺激性强的色调，就会使人感到压力，产生微妙的抵触心理。

| 目标消费群类型的定位 |

在对一个产品进行色彩设计时，首先我们要了解产品的设计定位，也就是它的目标消费群，即"我们的产品是卖给谁的"。消费群的色彩心理

期望到底是什么，我们需要带着这个问题去分析，并有针对性地进行色彩
设计。消费群体对产品色彩的喜好都会存在或多或少的差异，这种差异受
个人状况如性别、年龄、职业、文化教育、宗教信仰、民族与传统等诸多
因素影响，具有很强的特殊性。因此在组织色彩时要充分考虑目标消费对
象的层次及其心理因素。

现代设计师通常把突破习惯、出奇出彩作为产品设计的一种策略手段，
把对色彩的生理、心理感受等因素作为产品设计的突破口，使产品设计更
加人性化和具有趣味性，更能引起使用者的共鸣。例如，苹果 iMac 电脑
G3、G4 的外观设计，就是运用人们潜意识中对色彩的认知感受，用半透明
的色和富于感性意味的形，将形与色融为一体，便具有极强的感情色彩和
表现特征，具有强大的精神影响力。由于包豪斯与现代主义的影响，之前
的电脑产品多以黑、白、灰等中性色彩为表达语言，体现出冷静、理性的
情感。而苹果 iMac 鲜艳的色彩使它从乳白色的海洋中跳出来，使消费者的
心理为之一振，并豁然开朗：原来电脑等高科技产品也可以是五彩斑斓的！
苹果 iMac 已将设计触角伸向人的心灵深处，通过富有隐喻色彩和审美情调
的设计，在设计中赋予更多的意义，让使用者心领神会而倍感亲切。

就性别色彩定位：女性与男性之间的色彩偏好也有着很大的差别，女
性柔和亲切、温顺、雅致、明亮，他们更喜欢温馨的、对比弱的粉色暖调。
而男性冷静有力、刚毅、硬朗、沉稳，他们用色更倾向于稳重的、对比强
的中纯度暗色冷调。当然，现在这种色彩的性别趋向开始走向模糊，更具
兼容性。就年龄色彩定位：婴儿由于视网膜没有发育成熟，要避免强烈的
色彩刺激，基本采用柔和的色调来呵护；儿童、少年性格活泼，充满好奇
心，对鲜艳的纯色色调更感兴趣；青年人思想敏锐、开放，敢于标新立异，
他们的色彩跨度很大，从充满活力的纯色到强壮有力的暗色，都是年轻人
的色彩；中年人的心理更期待宁静恬淡的生活氛围，色彩稳重、恬淡、温和，
是他们成熟魅力的色彩；而老年人的心理期待健康、喜庆、热闹，在平静
素雅的色彩中加入少许红色更能博得老年人的喜爱。

产品的色彩是直接透过视觉到达消费者内心深处的一种感性诉求力。

成功的产品色彩，在于积极地利用有针对性的诉求，通过色彩的表现把所需传播的信息进行加强，与消费者的情感需求进行沟通协调，使消费者对产品发生兴趣，促使其产生购买行为。色彩诉求与情感需求获得平衡，是决定消费者产生购买行为的重要因素。这也是为什么当代美国视觉艺术心理学家布鲁默（Carolyn Bloomer）说："色彩唤起各种情绪。"

| 产品使用环境的协调 |

产品所使用的场所是一个环境，产品的色彩与环境有着密不可分的关系。产品的主色调应该考虑与周围环境相协调，并成为环境的有机组成部分，给人们创造一个良好的色彩环境，使人心情舒畅、工作愉快、安全生产、提高效率。如家用产品是家居环境中的设备，需要与家居环境相协调，办公设备需要与办公室环境色彩相适应，而设计交通工具就应该考虑到户外这个大环境。所以在对产品色彩进行规划时就要考虑到其与环境之间的关系。

20世纪70年代，美国家庭妇女联合会曾公开向美国家用电器制造商提出强烈抗议，其理由是家电制造商把吸尘器的颜色设计得过于明亮（尤其是红色）。她们认为：家庭首先应该有一个安静的环境，如果在安逸的环境中使用红色吸尘器，就像是让一辆救火车在身边跑来跑去，造成了用户的不安全感，是对家庭妇女精神上的一种伤害。最后电器制造商采纳了主妇们的意见，把吸尘器的色彩改为米黄色、浅灰色、淡驼色等柔和的颜色，从而打开了销路，获得了成功。

另外，产品的色彩规划，还应考虑随着地理位置、使用场所、工作环境的不同而不同，比如，在高温工作环境下，产品色调应给人以清凉、安定的感觉，宜采用纯度低、明度高的冷色为主色调；而在寒冷地区使用的产品易用暖色调，使人有温暖的感觉，在心理上得到平衡；在室外使用的产品，为了能在环境色和背景色中显现出来，使其具有很好的视认度和关注感，宜采用纯度和明度高、与背景色有强对比的色调；在噪声大、粉尘多的环境里使用的产品，宜采用纯度低、明度适中的冷色调等。

如果把环境放大的话，我们也可以将国家、民族等文化特征的配色放在里面考虑。中国的红色已经应用在奥运火炬、世博会中国馆等形态中，而这红色，是来源于中国国旗、具有代表性的器物等的颜色。如果在产品、版式或建筑形态中进行绿色、红色和白色的组合搭配，这就与意大利的文化风格和料理颜色比较吻合。这种感觉来自于我们对各个国家的风景、国旗、民族服饰等的认知和记忆。一旦看到这种配色，相关记忆便跃入脑海中。从国家的文化传统中选择有代表性的色彩来搭配产品形态，是常见的做法，虽然表面了一些，但如果要针对国家或民族进行更深层次的色彩应用，很可能会设计出更为隐晦的形态配色。如果强行要求并没有匹配相关文化内涵的用户来领略与欣赏，则未免强人所难。图 3-58 至图 3-62，是我们曾经接手的包装袋的设计方案。由于包装袋需要出口俄罗斯，所以在其形态设计上，主要以颜色、纹理和图案为设计点，进行针对性的构思。我们撷取了能够代表俄罗斯国家与民族的五种对象：建筑、森林、民俗图案、鲜花和中国风，进行了相关的色彩与图案制作。之所以出现了"中国风"这一主题，是与 2013 年是俄罗斯的"中国年"相关，那个时候的中国风在俄罗斯很受欢迎，而招人喜欢的中国元素则有风水、图案、茶道、绘画、家具、宝剑等不同题材。

图 3-58　以俄罗斯建筑为主题的俄罗斯包装纸袋色彩与图案设计

图 3-59　以俄罗斯鲜花为主题的俄罗斯包装纸袋色彩与图案设计

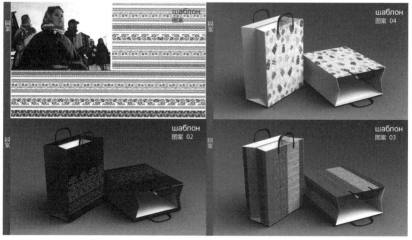

图 3-60　以俄罗斯民族图案为主题的俄罗斯包装纸袋色彩与图案设计

图 3-61　以森林为主题的俄罗斯包装纸袋色彩与图案设计

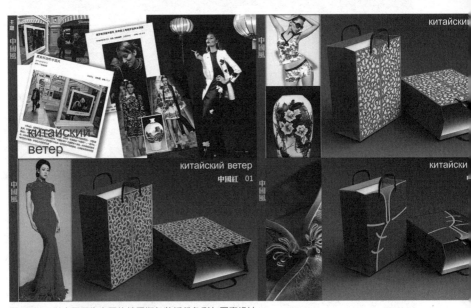

图 3-62　以中国风为主题的俄罗斯包装纸袋色彩与图案设计

| 产品配色设计 |

01 复古咖啡机配色

咖啡具产品配色　　　　　　　　　　表 3-02

项目背景	项目名称	复古咖啡机
	针对群体	适合时尚复古风格的咖啡爱好者
	表现重点	体现复古的形态印象，加强认知度
配色要点	主要色相	黑色、红色、银色
	色彩辨识度	强
	色彩印象	复古、个性、时尚

不合理的配色示范

1. 颜色纯度过高：强烈的紫红和蓝色给人过分张扬的艳俗感；
2. 空间感极弱：毫无变化的灰色背景使整体显得平板，缺乏空间感；
3. 整理质感较差：整体色彩过艳，给人廉价之感，质感较差

续表

合理的配色示范

 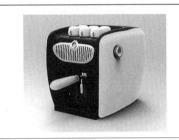

| 模拟老爷车的复古感：使用老爷车常见的黑红配色，使人易于联想 | 鲜明的黄色为暗沉的黑色带来开朗、活力的感觉 |

更多配色方案

| 改变色量：
（1）高色量：高色量的众多色相搭配，具有很强的视觉刺激，使人感觉视觉疲劳 | 改变色量：
（2）低色量：低色量的配色给人冷漠、强硬的感觉，形成一定的距离感 |

| 改变色彩的面积：
（1）增加红色：增加红色的面积，整体分辨度降低 | 改变色彩的面积：
（2）增加黑色：增加黑色的面积，整体使人感觉冷清、单调，失去复古感 |

续表

更多配色方案

| 改变色调：（1）隐约色调：隐约的色调给人少女的感觉，与咖啡机不搭 | 改变色调：（2）深暗色调：深暗的色调给人沉闷的感觉，但是一定程度上适合咖啡机的设定 |

| 改变明度差：（1）强明度差：强烈的明度差使不同的部位被生硬的分割 | 改变明度差：（2）弱明度差：明度差降低之后整体融合，但稍显乏味、呆板 |

02 儿童螺丝刀配色

儿童套装螺丝刀工具配色　　表 3—03

项目背景	项目名称	儿童螺丝刀
	针对群体	儿童及其家长
	表现重点	体现活泼可爱的感觉来吸引孩子的注意力
配色要点	主要色相	多彩
	色彩辨识度	强
	色彩印象	可爱、活泼、多彩

不合理的配色示范

1. 色彩纯度过低: 给人无趣的感觉, 显脏;
2. 大块面的黑色: 给人压抑感, 不适合用于此类儿童产品上

合理的配色示范

1. 高色量吸引孩子: 给人快乐、活泼的感觉;
2. 整体符合风格定位: 刺猬和背在身上的多彩"果子"

更多配色方案

表现温柔: 鲜明的粉色、黄色组合体现温和、幸福的感觉

表现可爱: 绿色、橙色等充满活力的颜色组合, 表现可爱、开朗之感

改变色量:
(1) 高色量: 过高的色量过分刺激视觉

改变色量:
(2) 低色量: 全部使用底色量给人劣质、肮脏的感觉, 不适合此类儿童产品

续表

更多配色方案

改变色彩面积：（1）增加蓝色：给人过分成熟的感觉，不够活泼、快乐	改变色彩面积：（2）增加绿色：给人健康之感，但略显冷清

改变色调：（1）苍白色调：苍白色调给人朦胧、温馨的感觉，适合部分儿童，但整体缺乏存在感	改变色调：（2）浓色调：浓色调的配色呈现出浓重、艳俗的感觉，不适合儿童

改变明度差：（1）强明度差：强烈的明度差使玩具各成一体，整体感较弱	改变明度差：（2）弱明度差：微弱的明度差极难辨认

03 骨瓷餐具配色

骨瓷餐具配色　　　　　　　　　　　表 3—04

项目背景	项目名称	骨瓷餐具
	针对群体	具有自信且欣赏生活上精美雅致事物的消费者
	表现重点	令人惊艳的精选图案和花纹，细腻的质地，高雅的风格

续表

配色 要点	主要色相	白色、蓝色、金色
	色彩辨识度	中
	色彩印象	精致、高雅、细腻

不合理的配色示范

1. 色彩过分艳丽：整体色彩过分艳丽，显得俗气、扎眼；
2. 缺乏品质感：使人感觉制作廉价，无法展现瓷器的细腻

合理的配色示范

1. 整体色调低调奢华：适当纯度的色彩给人高雅、舒适的感觉；
2. 低调的金色点缀：降低金色的纯度来点缀蓝白相间的瓷器；
3. 显出瓷器质地：整体色调更好地凸显瓷器材质的细腻

更多配色方案

表现雅致：低纯度的色调给人低调、雅致的感觉

表现温馨：整体偏黄的暖色调给人以家的联想，温暖、安心

改变色量：（1）高色量：高色量的绿色有很强的辨识度，但是不符合瓷器的细腻感，给人廉价的感觉

改变色量：（2）低色量：低色量的配色使瓷器整体显得朴素，但是略显呆板

改变色彩面积：（1）增加蓝色：整体呈现冷色调，给人冷清的感觉，减少食欲

改变色彩面积：（2）增加金色：整体更显富贵，但是过多的金色也会使瓷器显得俗气

改变色调：（1）清澈色调：使产品视觉变得脆弱、轻，给人质量不佳的印象

改变色调：（2）鲜明色调：给人艳俗的感觉，与产品定位的高雅不符合

续表

更多配色方案	

改变明度差：（1）强明度差：强烈的明度差使花纹变得格外明显，让人无暇顾及瓷器本身的质地	改变明度差：（2）弱明度差：给人平静的感觉，弱化了花纹的存在感，使印刷质感显得不佳

04 其他产品配色方案

其他产品配色方案	表 3-05
优秀产品配色欣赏	

时尚挂钟：橙色与蓝色的撞色使挂钟看起来很有设计感	复古墨镜：玳瑁色的镜框搭配金属色的镜架给人复古摩登的印象

多彩台灯：整体看起来并不花哨，但是多彩的灯杆为台灯增加了亮点	金色化妆包：香槟金色的化妆包抓人眼球，适合在派对、酒会上使用

续表

优秀产品配色欣赏

时尚坐椅：椅子的软装上设计了适当明度的色彩搭配，给人复古的时尚感	灰色跑鞋：无彩度的配色设计使跑鞋的材质很好地展现出来，整体更百搭，且耐脏

拼色桌子：别出心裁地在木质桌面上拼接一部分高明度的色彩，使桌子活泼、清新	趣味沙发：高纯度的几种彩色碰撞出有趣的沙发

3-06 有机│STRUCTURE

在开展产品设计时，总会遇到这样的窘境：所设计的产品形态与市面上同类产品形态有着极大的差异性，甚至与中规中矩的传统形态风格大相径庭，令人印象深刻。这样的设计拿去参加比赛，或可一标中的，却很难在企业面前讨得欢心，被冠之以"难以落地"或"工艺成本过高"之差评。你不一定有机会让企业去针对厂里的生产设备来更新换代，或散尽千金倾其所有只为打样出你心目中这"绝美"的形态。由此看来，这样的设计，很可能不了了之，没有了下文。

究其原因，一方面是设计人员对于甲方的生产条件、车间工艺不甚熟悉，只是纸上谈兵般自说自话，鼓捣出一座空中楼阁。另一方面，则是设计方案具备了落地的可行性，但企业无法从中嗅出爆款而带来的利润的气息，权衡再三，不愿意舍得投入，使方案流于纸上，无法产出，遂走入流产之境地。

万物皆有因。形态的产生，并非都可以如橡皮泥般，随心所欲地搓揉造就。一方面这与产品功能及使用效果达到所需的用材有关，另一方面，也与这种材料的加工方式相关，既包括材料之间的连接工艺，也包括材料的表面处理工艺。如果说表面处理可以令产品形态具备非一般的质感来打动与感染人，那么材料的连接工艺，则是支撑产品形态屹立的骨架，是产品的功能得以发挥、形态得以存活的"机芯"之所在。形态能够存在，功能可以发挥，皆是因产品内部结构的有机性。而结构的有机性，便体现在：使用合理的材料，进行合适的加工，得出合情的形态。如果说形态是产品功能的载体，那么结构就是产品功能的介质，并决定着功能的实现程度。即使一个简单的产品，也有它一定的结构形式。比如该产品是以什么状态使用的，各部件之间是怎么连接的，零部件之间又是怎么固定的，等等。不同的产品功能与形态，自然导致不同结构形式的产生。在设计中要注意分析结构中材料的基本连接方法，包括滑接、榫接（铰接）和刚接等主要的连接类型，要研究材料结构与形态结构的关系，与结构稳定的关系，与受力方向的关系等。台灯如何平稳地放在桌面上？灯座与灯架如何进行连接？灯罩怎样固定？如何更换灯泡？如何连接电源、开关？这些灯的部件之间的连接、组合，就构成了一个产品最基本的结构形式。

所以，无论是何种设计，对其产品对象的"前生"，需要做认真的工艺调研，方能针对其可能的"来世"作谨慎的方向定位。换句话说，掌握合作企业现有的生产条件与加工工艺，就能知道对方可以做出什么样的"形态"。不必一直埋怨，自己的设计形态有多么的漂亮，而对方企业的落地条件是多么的配不上这份"漂亮"。要记得，给你一手不怎么样的大众牌，依然能打出撒手锏，虽然并不容易，却更能衬托出你"设计"的价值。

那么，在进行研发之前，如何快速掌握产品现有的结构与工艺呢？必不可少的一个步骤便是制作工艺文档。

所谓工艺文档，就是针对企业车间里的所有工序环节，从选材到成型、涂装，进行无盲点式的跟踪式调研。将材料、生产、检测等环节梳理归纳，形成两个部分：结构解析与工艺流程。

结构解析是从产品形态出发，针对形态进行爆破拆解，一步步拆解至最小单位的部件或零件为止。这是以"结果"（从完整到碎片）作为起点的认知，能由此而掌握部件结构的组合由来与机能骨架。

而工艺流程则正好相反，是从"起始"作为起点的认知流程，是通过选材、下料、加工等严格的生产流程来梳理归纳的工艺知识。从每一个零部件开始，讲述全程工序与工艺，直至整合组装成最后的产品形态。

结构解析的内容需要放置于工艺流程之前。倘若一下子出现一个莫名的零部件，突兀地开始赘述所有的工艺程序步骤，直至最后成型，对于阅读者而言，这是一个被牵引着走的、认知上属于被动型的学习过程。而先对最后的整体形态进行基本认知，再对其内部架构作化整为零、循序渐进地突破认知，那么，在开展工艺流程的讲解时，学习者脑中就会出现"嗯，这个零部件之所以这么处理，是因为它最后将和别的零部件组装成最后形态的什么部件"之类的想法，这就是所谓的认知上主动型的学习过程，如图 3-63 所示。

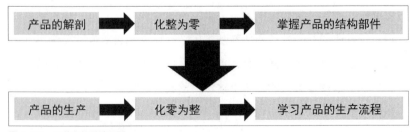

图 3-63　工艺文档逻辑导图

如果说结构解析是为了梳理产品形态可以拆解为哪几种零部件的形态，那么工艺流程，则可以解决如下问题：

1. 产品的形态是怎么做出来的？

2. 现有企业的工艺条件，可以做出什么样的产品形态？

倘若你最后做的不是概念设计，而是需要以落地为前提的设计，那么包含这两点疑问的工艺文档，自然便是你前期准备过程中的必经之路。

笔者曾经与国内的室内木门制造企业有过合作。该企业拥有国内最大的生产基地，其产品质优价高，获国内荣誉无数。在进行木门研发之前，需要对企业的生产特质进行调研，制作相关的工艺文档，以为后期的设计奠定工艺基础。考虑到企业合作的保密机制，我们可以大致窥探一下该工艺文档的关键环节。

| 产品解析 |

由于木门的基本组成为固定在墙上的门套与活动门扇，所以木门的结构解析分为两个部分，即：门扇解析与门套解析。针对门扇与门套，进行相应的部件结构与组成材料的分析，其逻辑导图如图 3-64 所示。

如图 3-65 可见，整门可以拆解为门扇与门套两个部件。再往下细分，如图 3-66 和图 3-67 所示，可以看到门扇与门套各自又可以分成若干个部

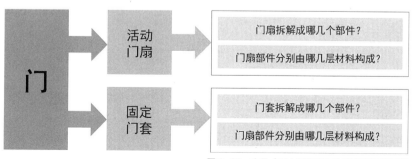

图 3-64　产品（以木门为范例）解析的逻辑导图

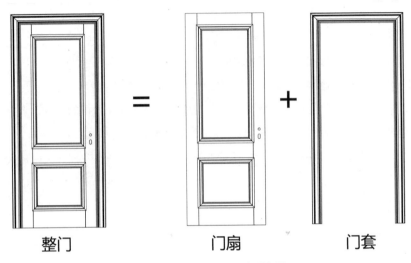

整门　　　＝　　　门扇　　　＋　　　门套

图 3-65　整扇木门的部件解析线框图

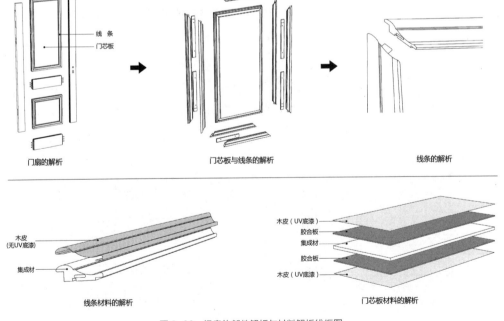

图 3-66　门扇的部件解析与材料解析线框图

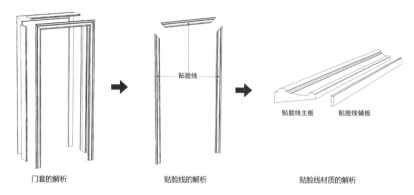

贴脸线

贴脸线主板　　贴脸线辅板

门套的解析　　　　　　　贴脸线的解析　　　　　　　　贴脸线材质的解析

图 3-67　门套的部件解析线框图

件结构，不仅可以依据实际生产部件来细化到最小单位的零部件，同时也可以针对每个部件进行相应的材料分解。如此，在查探具体的工艺流程与细节前，就已经对于整体结构，一目了然了。

需要注意的是，这些图均为后期制作的线框图，这是在现场部件照片的基础上，所制作的更为清晰的可视化效果。在制作过程中，会对于结构部件形成更为清晰的认知。

| 工艺流程 |

通过产品解析，掌握了产品的基本结构与使用材料之后，我们再迈步从头越，从选材开始，再去学习其生产加工过程，并辅以可视化的线框图再现，与车间现场照片一并表现出工艺流程。在木门的范例中，木门生产的工艺分为木作与涂装两部分。涂装自始至终都固定在无尘涂装工房内操作，在这里便不再进行单独的举例。而木作流程，主要分为如下四个部分：备料、门扇制作、门套制作与组装。分别针对这四个步骤进行工艺导图的制作，最后再合并为一张总流程导图。以导图的形式取代文字，并辅以连续的线框图制作，对整体工艺流程作清晰准确的概括，如图 3-68 和图 3-69 所示。

门套的制作流程

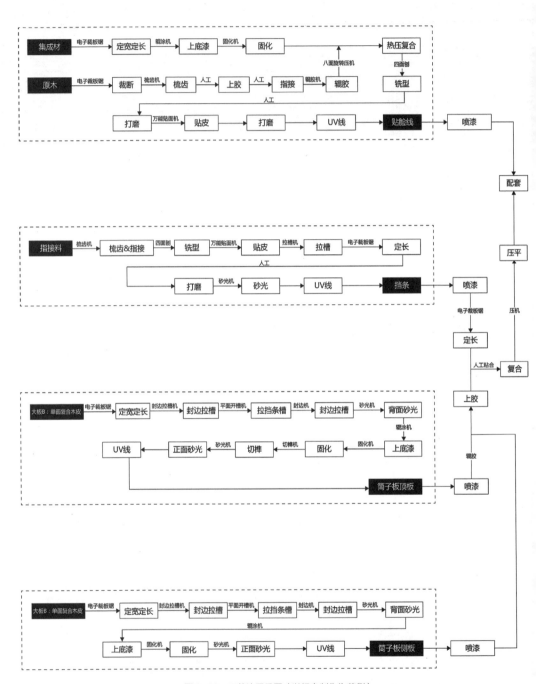

图 3-68　工艺流程导图（以门套制作为范例）

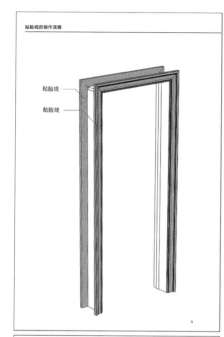

貼脸线的制作流程

貼脸线

貼脸线

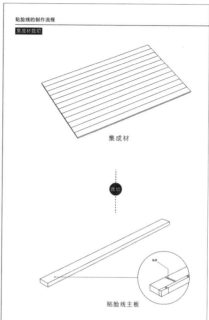

貼脸线的制作流程

集成材裁切

集成材

裁切

貼脸线主板

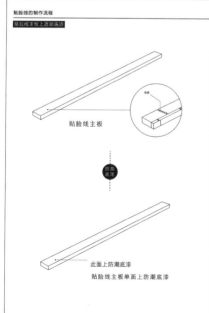

貼脸线的制作流程

貼脸线主板上防潮底漆

貼脸线主板

防潮底漆

此面上防潮底漆

貼脸线主板单面上防潮底漆

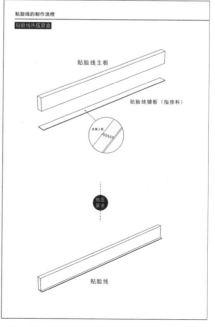

貼脸线的制作流程

貼脸线热压复合

貼脸线主板

貼脸线辅板（指接料）

热压复合

热压复合

貼脸线

图 3-69　工艺步骤连环图（以门套制作为范例）

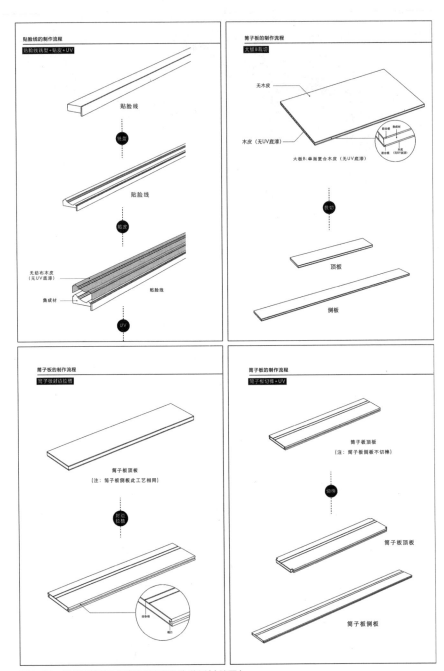

图3-69   工艺步骤连环图（以门套制作为范例）（续图）

　　在设计制作完成产品解析与工艺流程两部分的工艺文档之后，我们还可以针对其中的关键环节进行细节图的制作，以帮助加深对于结构的熟悉。这就相当于拿一把手术刀，针对产品进行重点选择之后的切割，如图 3-70 所示，使其内部的关键部件结构在没有拆解爆炸的情况下显山露水，令研发人员在学习时得以管中窥豹。此外，也可以制作系列连环图，针对其中的重点结构作可视化强调。

　　在工艺流程导图与工序线框图制作过程中，如果没有一定时间在车间操作的蹲点观察，没有直接向车间工人的请教咨询，是断然不可能设计出准确的工艺文档。简单导图的背后，是以大量的车间实地照片作为储备来完成。那种"两三天就可以弄清楚工艺"的想法，在某种程度上是对工艺的不重视甚至是不尊重。想要深入了解产品的本质，那么对于其形态的诞生，其间每一步工艺的心血与匠心，每一个形态细节之间的连接方式，在调研过程中，都是不可浅尝辄止的。若不然，所设计的形态与部件结构，如何能与现有的加工条件天衣无缝地匹配？那些报废掉的模具，到最后重起炉灶的形态改良，似乎都在嘲笑着设计者，为何要

贴脸线

筒子板

贴脸线

图 3-70　产品部件结构的细节图制作（以门扇为范例）

重蹈无法落地之覆辙？

那么，在了解这些门的工艺细节之后，我们又可以相应作出些什么样的设计呢？什么样的形态，是可以结合榫接工艺作出来的？而什么样的形态，又是很难甚至无法实现的呢？

门的形态设计，既要考虑造型上的美观与差异性，又要考虑落地的可行性。所以，我们可以做文章的设计点，就在于基于线条工艺的门的款型，包括：线条的造型、装饰性细节与门扇线条轮廓等方面的设计。

| 部件解析 |

同样，我们在进行健身器材研发时，也需要对市面上的相关产品进行解析，以了解基本结构与部件形态之间的关系。我们以电动跑步机为例，来看一下在形态设计时，需要基于何种渊源来针对性地进行形态的改良。

跑步是目前国际流行并被医学界和体育界给予高度评价的有氧健身运动，是保持一个人身心健康最有效、最科学的健身方式。随着都市的大气变得污浊，生活节奏变得紧张，跑步机成了时下健身最热门的健身器械。电动跑步机通过电机带动跑带使人以不同的速度被动地跑步或走动，不仅可以让我们免受汽车尾气之苦，也使我们可以选择自己方便的时间随时锻炼。

我们选取了两个具有代表性的跑步机品牌：分别是美国力健 Life Fitness 和德国麦瑟士 MAXXUS，就其控制台面、运动扶手、连接件样式、跑台、整体风格、上下连接形式等形态特征对这两个品牌的跑步机作出总结分析。

首先是控制台面的形态分析，如图 3-71 所示。

然后，我们再对运动扶手的形态进行分析。扶手样式多样化，扶手截面有圆管状和棱角型的区分，侧面看线条多为水平，少数略微倾斜，符合人机需求。我们可以从图 3-72 中看到几种不同形态的运动扶手。

电动跑步机的跑台形态主要有两种形态。从图 3-73 中可以看到跑台前侧的包裹机构基本都是用注塑件，包裹运转机构与中间连接件之间基本采用半裸露包裹连接，两侧能清晰地看见连接件整体。图 3-74 则反映了跑台

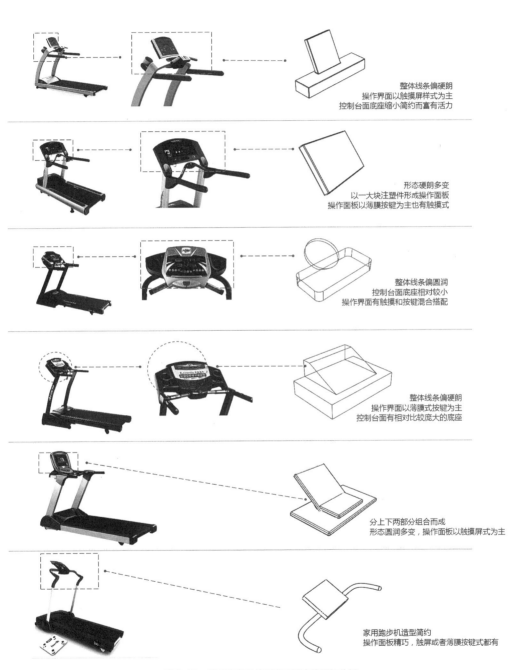

整体线条偏硬朗
操作界面以触摸屏样式为主
控制台面底座缩小简约而富有活力

形态硬朗多变
以一大块注塑件形成操作面板
操作面板以薄膜按键为主也有触摸式

整体线条偏圆润
控制台面底座相对较小
操作界面有触摸和按键混合搭配

整体线条偏硬朗
操作界面以薄膜式按键为主
控制台面有相对比较庞大的底座

分上下两部分组合而成
形态圆润多变，操作面板以触摸屏式为主

家用跑步机造型简约
操作面板精巧，触屏或者薄膜按键式都有

图 3-71　电动跑步机控制台面形态梳理与分析

两侧的包裹机构有用注塑件成型的，也有用型材直接拉伸得到，注塑件形态多变，能有效地与其他部分呼应和配合，型材件后侧多安装堵头，堵头的形态可以多变，以配合整体形态。

　　经过以上对跑步机基本构件形态的分析，我们对跑步机的形态有了大概的了解，接下去就是对跑步机整体风格的把控。我们针对大部分跑步机的一些机型风格做了 KJ 图，以它造型的专业感和时尚感以及机身线条的硬

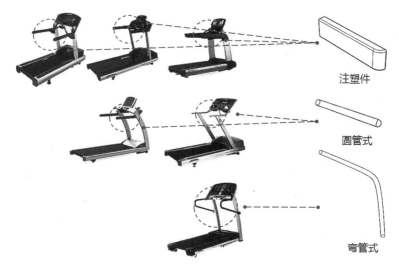

图 3-72　电动跑步机运动扶手的形态梳理与分析

图 3-73　第一种电跑跑台的形态梳理与分析　　图 3-74　第二种电跑跑台的形态梳理与分析

朗和柔和程度作为风格分析的两条轴，如图 3-75 所示。

　　KJ 图的分布展现表明该企业电动跑步机整体风格以黑白灰色系为主，外形设计大多风格简约，总体有往简约高科技方向发展的趋势。有了对整体风格的分析，最后还要对其上下连接形式的分析—跑步机的上下连接形式对其整体造型产生了很大的影响。图 3-76 是几种力健跑步机主要的上下连接形式，总的可以概括为：上下部分各设三个关键点，简化连接件的形态和连接部位，研究发现该品牌的电动跑步机上下连接形式，以红色的样式居多，蓝色的样式有其次，其他样式各有涉及。

　　通过以上部件分析，我们需要针对其形态与使用舒适度进行改良，且不能更动原有的结构与连接方式。

　　跑步机的上下连接形式对其形态产生重要的影响，所以我们决定从上下连接件开始定位，从上面调研的两个品牌来看，红色的样式居多（如图 3-76 所示），这样的形态三角稳定，有其一定优势。所以，我们最终采取了图 3-77 中的大样。有了整体的上下连接方式的大体造型，我们以产品风

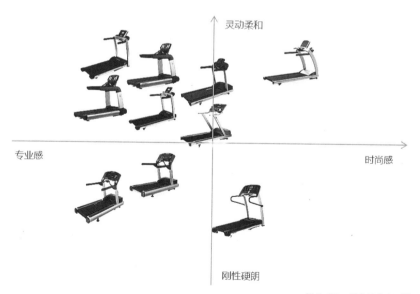

图 3-75　整体风格 KJ 图

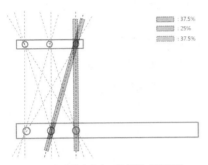

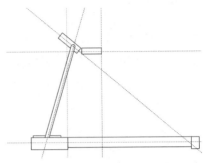

图 3-76　电动跑步机上下连接形式示意图

图 3-77　采用"Z"字型侧线，三角稳定，结构视觉延伸强的上下连接方式

格和给人的感觉作为关键词，来确定我们的产品定位、目标用户和使用环境。下面是三个不同方案的初步定位和初步设计。

方案 1，如图 3-78 所示。

我们为其提取的关键词是灵动、愉悦、健康、自然、流畅。

产品定位：家用小型机

部件风格定型

A：多按钮旋钮等的操作方式的组合体现多功能元素提升附加价值。

B：连接杆件风格曲直结合，在细节处体现设计感。杆件的截面采用非圆管，与市场同类产品拉开差距。

C：型材挤压成型。较为圆弧的侧面与整体风格简洁统一。

方案 2，如图 3-79 所示：

关键词：亲和、节奏、健康、自然、流线

产品定位：家用中型机

部件风格定型

A：饮料的置物架以及音响提升附加价值。

B：参照车的中控台的设计，多按钮旋钮等的操作方式的组合体现多功能元素，提升附加价值。在与人接触的部位镶嵌仿木嵌件，提升产品与家

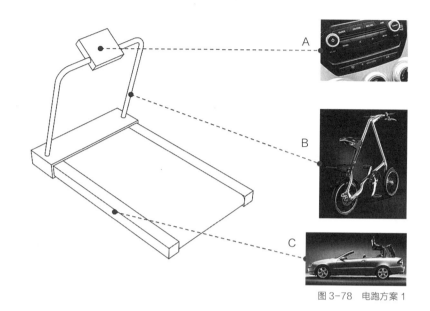

图 3-78　电跑方案 1

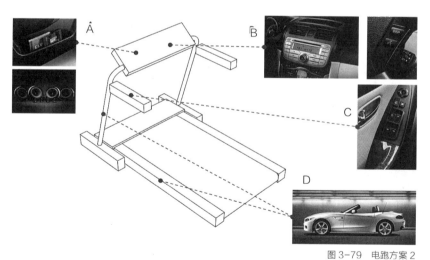

图 3-79　电跑方案 2

具环境的契合程度。

　　C：在与人接触的把手防护件镶嵌仿木嵌件，提升产品与家具环境的契合程度。

　　D：塑胶件与型材外围用侧线体现各件的流畅衔接。

方案 3，如图 3-80 所示。

关键词：稳固、舒适、刚毅、流畅

产品定位：轻商用机型

部件风格定型

A：饮料的置物架以及音响提升附加价值。

B：参照车的中控台的设计，多按钮旋钮等的操作方式的组合体现多功能元素提升附加价值。强调材质的对比。

C：在与人接触的把手防护件镶嵌 PU 皮或者布料嵌件，提升产品与人的亲切感。

D：塑胶件与型材外围用侧线体现各件的刚硬流畅衔接。

我们在初步定位的基础上，对家用小型机和家用中型机的形态做了多个具体方案和场景效果图。

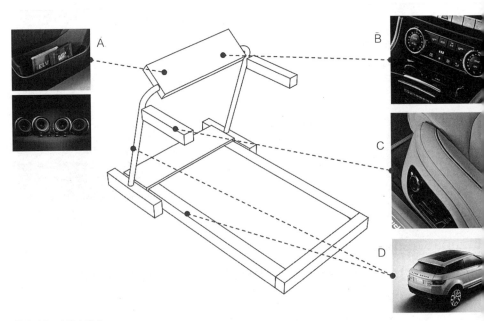

图 3-80　电跑方案 3

设计表现

1. 家用小型机
方案 A

图 3-81　家用小型机方案 A

方案 B

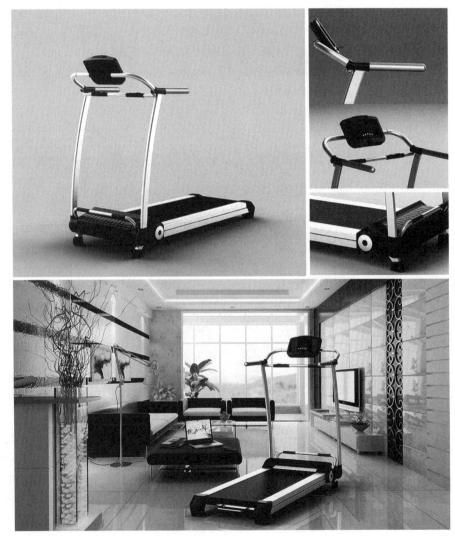

图 3-82　家用小型机方案 B

2. 家用中型机

方案 A

图 3-83　家用中型机方案 A

方案 B

图 3-84　家用中型机方案 B

方案 C

图 3-85　家用中型机方案 C

方案 D

图 3-86　家用中型机方案 D

方案 E

图 3-87　家用中型机方案 E

3-07 有情│EMOTION

去选购木门的时候，可以看到许多不同的木门款型。有时候我们会发现，木门形态的主要差异性，体现在门芯板上线条所组成的方框的数量与位置，以及木门的树种涂装搭配所导致的不同颜色、纹理与质感。不同形态的木门，给人的心理感受不同。如果结合家装风格的归类方式，我们也可以给木门的款型加以梳理与归纳，以整合成不同的系列风格。系列分档的切入点很多，有以价格、色板、款型、用材与工艺来分类的多种方式。

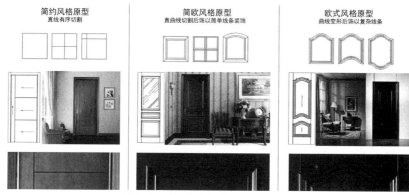

图 3-88　基于线条轮廓与线条截面形状为标签的三种不同的木门风格

　　而我们以木门的线条所组成方框的轮廓以及线条的截面形状来作为标签进行分类的话，大致可以归纳出如图 3-88 中所示的三种主要风格。线条的截面形状，有的非常平直缓和，有的则跌宕起伏，波峰连绵不绝。而线条所组成的框型，也有以直线为主和以曲线为主的两种主要的轮廓形状。因此，我们可以从中获取不同的感性体验。这种感性体验，我们可以从表 3-06 里的木门文案中知悉。

<h3 align="center">某品牌的木门文案</h3>

表 3-06

简约风格	辞少，少就是多	在视觉冲击中寻求宁静与秩序，从多余和繁琐中解脱，这就是简约主义所代表的美学价值观
简欧风格	留笔，以简驭繁	在细腻柔美的欧式装饰中，隐藏其华丽锋芒，张扬其精致细节
欧式风格	浓墨，经典风尚	强调浓郁张扬的色彩、雍容华贵的装饰和精雕细琢的细节，尽显贵族气质

　　产品形态可以传递感性信息，是指产品形态直接或间接说明产品本身理性内容（功能和使用方式等）之外的信息，包括产品蕴含的情感、产品

形态的风格、产品所包容的历史与地域文化以及产品的心理性、社会性和文化性的象征价值等。这些附有情感的信息，是产品形态所能传递的信息中最耐人寻味的一种。当我们观赏一副抽象派的艺术作品时，心理感受很难取得完整的一致。艺术作品毕竟是个人、个性的衍生品，所反映的毕竟是艺术家自己内心的声音，是否能与观众求得一致，是无法保证的。如果将产品作为一种艺术作品，其艺术性的体现，并非单纯的只是借由使用的体验来获取。可用性与易用性是可以用各种指标数据来测试归纳的，而除了理性之外的感性情绪，尤其是对于产品形态所体现的某种人文因素，无论是民族性、地域性还是历史性，都是见仁见智的。我们在看欧美喜剧的时候，许多笑点我们都觉得索然无味，是因为这些笑点都有着上下文语境的关联，或许与历史上发生的事情相关，或者与当地的俚语及其出处相关，或者与当地语言里的谐音相关，相对而言，我们是比较难以理解的。这与《泰囧》在香港上映时，观者无法发出会心的大笑道理相同。

产品形态可以传递的感性信息，或者说，产品形态可以给人造成的情感投射，主要有以下几种：

1. 展现形态的感性风格；

2. 传递产品背后所包含的历史、地域、民族等文化情感因素；

3. 传播某种价值观与世界观；

4. 塑造产品所属品牌的形态识别度；

5. 展示微妙的趣味性与情感。

需要注意的是，以上这几种感性信息并非互相之间存在着楚河汉界，各自独立存在。相反，这些情感信息之间，都有着一定的重合部分。譬如产品形态所传递的价值观，很有可能是基于特定地域的特定民族所形成的，也可以划归在地域与民族的文化情感因素内。又或者，所传递的微妙的趣味性，也有可能是某一种风格的重现。之所以这么划分类别，是因为相对来说，这几种感性信息，匹配该种分类方式的范例样本数量较多，具有一定的代表性而已。

| 风格 |

　　产品形态风格在一定程度上，可以表达设计师内心的审美喜好与对于产品本身的理解。与此同时，不同的设计风格，也适应用户的不同审美喜好。两者相结合，在某种程度上，契合的程度高低，决定着产品在市场取得成功的高低程度。在设计的初期，并没有严格的风格区分，但是人们会发现，制作的若干成果，总是在形态方面有着明确的普遍共性，这种客观性使得"形"背后的"态"，有着某种相似性或同类性。换句话说，这也是产品形态的同质化。中国南朝时期刘勰的《文心雕龙》中说道，风格，便是文章的风范格局。从字面意义上去分析，文章的遣词造句的方式，便能体现文章的文笔风范；而文章的框架策划，便是文章的格局。不同体裁和语言特点的文章，能体现出不同的风格。放到产品上，具体形态的点、线、面、体的应用手法及视觉效果，便是其风格的综合展现。不同的时间段，主流的思潮会影响创作者的构思途径。所以，风格也是通过视觉载体所表现出来的，能反映时代、民族或创作者个人的思想观念、审美方式与精神气质。风格的划分有许多切入点，沿着时间线可以划分出古典与现代的风格；根据地域与民族可以划分出欧式、美式、中式、日式等不同的风格，而根据表现内容的差异性，还可以归类出繁琐的洛可可、简约的现代风等。所以，风格的关键词及其内容，根据切入点的不同，有时候难以做到完全的泾渭分明，就看你想表现的主要目的与情感是什么。

　　可爱风格：圆润的风格非常可爱，曲面的造型有机流畅。圆润可爱也是一种风格，直线或平面很少，柔性的轮廓线具备十足的亲和力。我们在给硅胶制品厂家做方案的时候，基于硅胶材料的特性，将其应用于居家生活产品中，并注入安全防护因素。如图 3-89 所示，图中的三排产品分别为门档和桌面防撞角。在以有机生物为喻体的形态设计过程中，所刻画的弧线与曲面，有意识传递出天真童趣的可爱风格，并结合软质而有弹力的材质，共同构筑防护安全的设计语境。

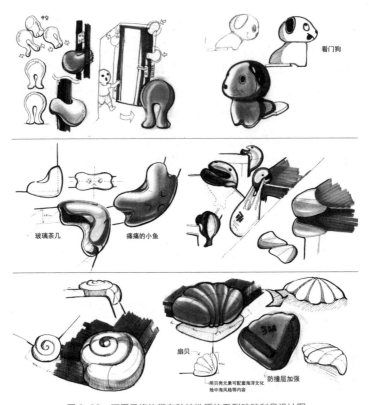

中空

看门狗

玻璃茶几   痛痛的小鱼

扇贝

用贝壳元素可配套海洋文化
地中海风格等内容

防撞层加强

图 3-89   可爱风格的带有防护性质的系列硅胶制品设计图

如图 3-90 所示，在给锅具进行配件设计时，我们将手柄的形态也进行了针对性的仿生设计。借鉴生物对象的颜色及纹理，来打造富有一定童趣的形、色、质。在包装上，相应地推出不同的尾巴所代表的不同卡通生物形象。由于普通的锅具在超市里售卖时，普遍都是将手柄尾部的孔洞穿过超市展台中伸出的置物细管内，尾部朝上、锅体朝下地展示。为了匹配生物尾巴朝下的情境，能够吸引人们去拉一下尾巴，特意也在包装上重新开口，使得锅具的摆放以"头朝上、尾朝下"的方式来呈现。图 3-91 是针对不同颜色和纹理的尾巴的手柄，所配套设计制作的包装形象。

朴素风格：形体不跳跃，中性色系为主，配色不花哨。图 3-92 中的

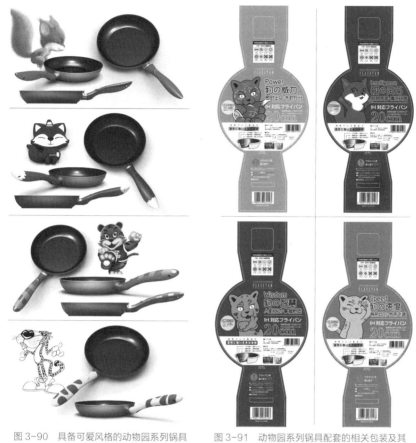

图 3-90　具备可爱风格的动物园系列锅具

图 3-91　动物园系列锅具配套的相关包装及其形象

图 3-92　朴素风格的产品

图 3-93　朴素风格的产品

　　套装家具设计，由于是基于木材制作，所以也带有天然的视觉特色。整体形态以抽象几何元素为基础，基本以直线和平面构成，在细节处根据具体使用情境进行了置物区域的收纳整合。整体格局大气，而设计见于微处，可用"书香满溢"四字来形容其质朴的风格。图 3-93 中的系列桌面文具，由皮革和木材共同制作完成。皮革有很多优良的特性，但用来做桌面的情况并不多见。皮革与木材，从情感上来说，还有一次自然淳朴与优雅高贵的碰撞。虽然从皮与木的连接处可以看到有些许的缝隙，但总的来说，这是一次值得的尝试。木材的自然与朴素感容易理解，皮革如何塑造出质朴的情感？其实，这就和用便宜的衣裳穿出气质来是一样的道理，而相对昂贵的材料却依然可以体现质朴。摒弃时尚与皮具搭配的那些繁琐的装饰，而在进行表面颜色处理时，选用原色皮革的大地色系，与木材形成匹配的色感，可以让这套桌面用品散发出质朴与矜持的气息。

　　女性风格：当我们在给电饼铛企业设计新款的形态时，由于电饼铛本身的原型是以圆为基础所衍生的，所以先天相对比较容易往圆润的风格上走。为了避免与可爱、柔润的风格相重叠，在色彩配置和细节形态上，进行了调整，使其更符合"让家庭主妇轻松使用"的目的。如图 3-94 所示，左图是已经带有改良的电饼铛的原型，右图四款新的形态则是原有结构不变的基础上，进行了曲线的柔和化，表面处理的细腻化以及红、黄与奶白

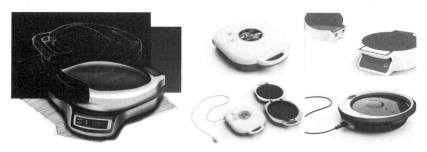

图 3-94　带有女性风格的电饼铛产品形态

色调的融合。

高科技风格：高科技这个词汇，是迈入信息时代之后，应用非常广泛的一种代表风格的象征词。我相信不会有人将石器时代的那些石制器皿谓之高科技风格。尽管在那时，通过碰撞、刮削、磨砺等手段所制造出来的器具，已经是比现代技术发展更为重要的质变。事实上，自从有了机械生产，便有了高科技风格，从一开始，这种风格便被视为机器力量的图腾。所谓"机械美"，便是高科技风格的视觉象征。

信息时代的标志性产品，苹果公司的系列手机、平板电脑、手表等产品，都富含高新技术，而从表面看，则几乎没有一丝多余的装饰，线条应用紧凑方正，形态观感简洁精致，这看起来，也是形而上的现代主义的一种体现。难怪迪特·拉姆斯会认为，苹果公司是唯一符合他设计理念的朋友。可是，相对的，英国的戴森（Dyson）公司所生产的真空吸尘器，其外观形态与细节非常精致，配色明快丰富，多以有机曲线为轮廓特色。其形态、形象与苹果大相径庭，但同样体现出令人惊讶的高科技感。如果说苹果的电子产品是"收其锋芒"，那么戴森的真空吸尘器则是"放之张扬"。如果再拿起一块瑞士产的机械表，这种靠机芯内的发条为动力带动齿轮推动表针的运作方式，还带有非常强烈的装饰性，同样给人奇刻精准的高科技感。看起来，高科技风格的产品形态，似乎比先前的各种相对单纯的流派，要复杂一些。图 3-95 从左至右分别为苹

图 3-95　同样都可以视为高科技风格的三种形态特色不同的产品

果手机、戴森吸尘器和机械表内核，这三种形态特色不一，但又可同归为高科技风格的产品。我们可以从中进行一些比对，看看这三者之间，到底有些什么样的共性与个性。

| 人文 |

　　产品不仅具备形式美的视觉语言，也可以具有人文意义。包含历史、地域、民族等因素在内综合构成的人文气质，完全可以体现在产品形态中。图 3-96 中的产品名为"盛世晶典"，是一套套装锅具，各款锅具的形态与功能都有所不同。但是在形态设计上，都融入了上海的地标性建筑，将这些建筑对象的形态进行精简与抽象之后，演化成由几何元素通过加减所塑造的样式，应用于产品中，与其说是一套锅具产品，不如说更像是一套带有地域纪念性质的礼品。

　　如果说上面的范例是通过细节形态的对应来唤起人们对于喻体的印象的话，那么下面这套器皿，就没有使用比喻的手法，而是主要通过材料的质感来释放手工艺的拙朴情感。如图 3-97，这是基于龙泉青瓷工艺所设计制作的一套家用器皿。配色淳朴单一，色泽细腻，有浓郁的龙泉青瓷本色。形态细节加以小小修饰，以适应于特定用途。产品形态整体质朴静谧，流露安详气质。青如玉、明如镜、薄如纸、声如磬，这是龙泉青瓷的写照。

图 3-96　应用了上海地标性建筑形象的盛世晶
典套装锅具

图 3-97　朴素风格的产品

　　将传统的技艺应用于现代产品形态的设计中，这种手法亦屡见不鲜，图的
就是将有着特定世袭身份的传统材料制成新衣，披在凡人身上，传递特殊
的龙泉窑之情愫。用材料及其质感来传递地域与民族的人文因素，相得
益彰。

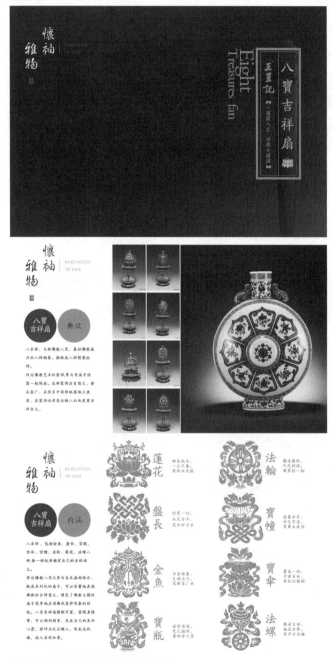

图 3-98　吉祥八宝扇的设计构思与来源

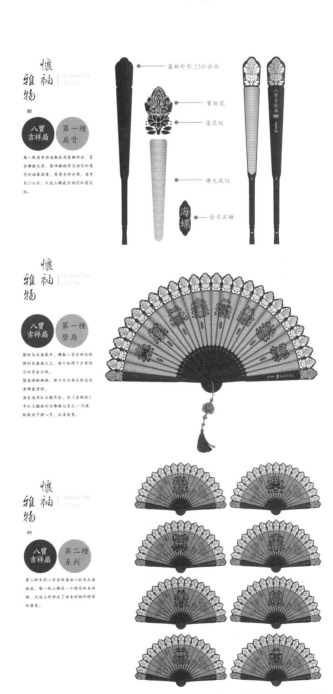

懷袖
雅物 ｜INNOVATION OF FAN

八寶
吉祥扇　第一種
扇骨

每一根扇骨頂端采用蓮腳形狀，富含佛教元素，裝飾鑲嵌有寶相花和蓮花的抽象圖案，寓意吉祥如意，扇骨長23公分，大邊上鑲嵌寶相花和蓮花紋。

懷袖
雅物 ｜INNOVATION OF FAN

八寶
吉祥扇　第一種
整扇

整把為木扇展開，佛教八寶吉祥紋樣排列在扇面上，每個紋樣下方有相應的燙金名稱。
整扇繪制典雅，便于作為案几陳設或者佛堂清供。
扇墜選用紅玉髓串墜。在《金剛經》中紅玉髓被列為佛教七寶之一，可使配戴者寧靜心靈，改善能量。

懷袖
雅物 ｜INNOVATION OF FAN

八寶
吉祥扇　第二種
系列

第二種系列八寶吉祥扇由八把烏木扇組成，每一把上都是一個特定的吉祥物，大邊上刻講述了該吉祥物所特有的寓意。

蓮腳外形,23公分高

寶相花

蓮花紋

佛光底紋

金字名稱

海螺

八寶吉祥扇

图 3-99　吉祥八宝扇的产品形态设计

图 3-98 与图 3-99 是国内设计师朱昱宁先生为杭州某中华老字号所设计的扇类产品。杭州佛教，始于东晋，兴于五代，盛于南宋，素称"东南佛国"。佛教八宝，也称之为"八吉祥"，是象征佛教蕴意的八种图案纹理，每一种图案都具有各自特定的吉祥含义。作为带有佛教特色的装饰图案，其历史渊源甚久。在与这家百年老字号合作的过程中，我们将纹理与手工精制的乌木扇相结合，辅以莲花纹与宝相花，推出了八宝吉祥扇这一全新的佛教系列扇，含蓄地表现了佛教的吉祥意义。置于室内，可以案头陈设或佛龛清供，传递保佑一室安康、解除烦忧的美好愿景。

| 价值观 |

ONAO 位于日本的市川大门（Ichikawadaimon），而市川大门从日本平安时期开始，就致力于生产和纸。发展到现在，ONAO 开始尝试将新技术融入传统的和纸生产中，并制作出"Naoron"纸，使和纸可以展现更多的用途。深泽直人（Naoto Fukasawa）受邀使用"Naoron"纸来设计与制作出系列日用产品，如图 3-100 所示，包括眼镜盒、收纳盒、文件袋等。这些产品因为和纸的特征，而体现出优雅的肌理与气质，使得现代产品与传统材料及工艺，很好地融合在一起。而对于传统器物观的尊重，也是日本民族具有狂热的精神信仰的一种体现。日本人相信精神胜于物质的力量，但同时又有着尚武嗜杀、勇于进取的性格，这也导致了在设计的发展史上，

图 3-100　基于和纸的传统器物观所塑造的系列日常用品

图 3-101　以正面、浪漫、自然的观点出发所设计的骨灰盒

日本一方面在民族的窠臼里做细做深，另一方面又不断汲取外来的营养做大做强，最终导致"双轨制"的出现。也正因为对于精神信仰的极度坚持，传统的器物及其工艺，在日本依然不断地在秉承与发展。越来越多的设计工作室不追求夸张显示技术的诉求，而是将平和的理念润物细无声地注入到器物中去。佐藤大与原研哉，就是日本新老两代的"和"之器物观的代言人。

　　说到死亡与骨灰盒，或许我们会开始有些忌讳似的沉默起来。纵观国内市面上的骨灰盒，通常都是在深色木盒子上，进行雕龙镶凤而成。骨灰盒给人的感觉，或许就是肃穆与凝重。生与死同样都是人的必经之路，两者并没有什么不同，甚至在许多国家，死亡也就是新生的开始。对于死亡的主题，人们的看法都有所不同。国内设计师杨万里选择了一种正面的态度去诠释。如图 3-101 所示，杨万里以洁白的云为形态的载体，赋予其骨灰盒的功能，并借此告诉大家：走了的人，是去往云间的天堂，并希望自己的离去，不应该给身边的亲人朋友带来伤痛，而让其变得浪漫，自然。这就是"Cloud in Heaven"给大家带来的价值观。

| 品牌 |

以苹果公司目前的产品为例，如图 3-102 所示，产品的外观简洁、具有科技感，从产品的材料、设备圆角的弧度，到灯光亮度、颜色都经过高标准和严谨的设计，使人感受到产品的精致及整体协调。这些简约、优雅的特征使苹果产品的形态辨识度非常高。

| 幽默 |

美国设计师欧文（Josh Owen）总是说他是一个异类的地下设计师，或许是因为他的工作室真的就在地下室。而与此同时，他所设计的产品风格，总是那么的非主流。欧文为 Kikkerland 设计的系列胡椒罐和盐罐等调料器皿，如图 3-103 所示，罐子藏有磁铁，所以两个调料罐可以互相紧密相粘，还可以在桌子上灵活地滚动。这是一款可以在餐桌上带来笑声、引起话题的玩意儿，似乎可以为一桌子互相不认识的人开启一个话题，诱使大家打开话匣子。

图 3-102　苹果产品集合

图 3-103　可以黏在一起的两个调料罐

这就是产品形态可以具备的幽默感，及其话题性所带来的轻松与愉悦。

从以上范例中，我们都可以体察到形态背后所蕴含的人文情感。事实上，在设计史中，早已有"形随情感"（Form follows emotion）的设计理念被梳理归纳出来。"形随情感"的概念，由近几年德国著名的青蛙设计公司所提出。与其他理念相比，这种观点更强调一种用户体验，突出用户精神上的感受。好的设计是建立在深入理解用户的需求与动机的基础上的，设计者用自己的技能、经验和直觉将用户的这种需求与动机借助产品表达出来，体现一种诸如尊贵、时尚、前卫或另类等情感诉求。在这种形态观下可能会出现一个极端，就是过分注重人的心理感受而忽略产品本身最初的使用价值。

关于产品形态所传递的微妙的趣味性，在后续"幽默"篇章中有特别的讲解。

REFERENCE
参考文献

[1] Elodie Ternaux. *Industry of Nature: Another Approach to Ecology*[M]. Published by Frame Publishers, Amsterdam, 2012.

[2] 崔珉荣 . 创意之上的设计表达与实现 [M]. 北京：电子工业出版社，2012.

[3] 迈克 . 阿什比，卡拉 . 约翰逊 . 材料与设计：产品设计中材料选择的艺术与科学 [M]. 北京：中国建筑工业出版社，2012.

[4] 原研哉 . 欲望的教育 [M]. 张钰，译 . 南宁：广西师范大学出版社，2012.

[5] Jeanne Tan. *Colour Hunting*[M]. Published by Frame Publishers, Amsterdam，2011.

[6] Sophie Lovell. *Dieter Rams: As Little Design as Possible*[M]. Published by Phaidon Press, Inc，2011.

[7] Keito Ueki-Polet and Klaus Klemp. *Less and More*：*The Design Ethos of Dieter Rams*[M]. Published by Die Gestalten Verlag GmbH & Co. KG, Berlin，2011.

[8] Nendo / Oki Sato. *Nendo Works* 2010-2011[M]. Published by ADP Company, 2011.

[9] 于帆 . 形态主导产品创新设计 [M]. 合肥：合肥工业大学出版社，2011.

[10] Uwe Fisher / Lehrstuhl Industrial Design und das fuer Buchgestaltung und Medienentwicklung an der Staatlichen Akademie der Bildenden Kuenste Stuttgart. *Design is a Nervous Thing*[M]. Published by Offsetdruckerei Karl Grammlich GmbH，2010.

[11] Emily Pilloton. *Design Revolution: 100 Products That Are Changing People's Lives*[M]. Published by Thames&Hudson, Ltd, 2009.

[12] Klasse Prof. Dipl. Ing. Peter Litzlbauer, Sven Ehmann. *Corian Bei Sport im Dritten*[M]. Published by Staatliche Akademie der Bildenden Kuenste Stuttgart, 2008.

[13] 奥博斯科编辑部 . 配色设计原理 [M]. 北京：中国青年出版社，2009.

[14] 孙颖莹，熊文湖 . 产品基础设计——造型文法 [M]. 北京：高等教育出版社，2009.

[15] 原田玲仁 . 每天懂一点色彩心理学 [M]. 郭勇译 . 西安：陕西师范大学出版社，2009.

[16] Bernd Polster. *Braun: Fifty Years of Design and Innovation*[M]. Published by Edition Axel Menges, Stuttgart/London, 2009.

[17] William Lidwell and Gerry Manacsa. Deconstructing Product Design[M]. Published by Rockport Publishers, Inc，2009.

[18] Robert Klanten, Sven Ehmann. Design: *The Shape of Things to Come*[M]. Published by Gestalten, Berlin, 2008.

[19] Klasse Prof. Dipl. Ing. Peter Litzlbauer. Stadtmoebel fuer Nagold[M].Published by Staatliche Akademie der Bildenden Kuenste Stuttgart, 2008.

[20] 林西莉 . 汉字王国 [M]. 李之义译 . 北京：三联书店，2008.

[21] 陈炬 . 产品形态语意 [M]. 北京：北京理工大学出版社，2008.

[22] 刘永翔 . 产品设计 [M]. 北京：机械工业出版社，2008.

[23] Peter Litzlbauer. Schauraum[M].Published by EnBW Energie Baden-Wuerttemberg AG und Autoren, 2007.

[24] 顾宇清 . 产品形态分析 [M]. 北京：北京理工大学出版社，2007.

[25] 崔天剑，李鹏 . 产品形态设计 [M]. 南京：江苏美术出版社，2007.

[26] 王琥 . 中国传统器具设计研究 [M]. 南京：江苏美术出版社，2007.

[27] 汤军 . 产品设计——造型设计基础 [M]. 武汉：华中科技大学出版社，2007.

[28] 朱钟炎 . 朱钟炎产品造型设计教程 [M]. 武汉：湖北美术出版社，2006.

[29] 金伯利 . 伊拉姆 . 设计几何学 [M]. 李乐山译 . 北京：中国水利水电出版社，知识产权出版社，2003.

[30]（日）日经设计 . 畅销2000万个杂货的设计制作方法 [M]. 董航译 . 武汉：华中科技大学出版社，2013．

[31] 苏静 . 知日 . 设计力 [M]. 北京：中信出版社，2014.

[32] 林凤岚.挑食的设计 [M].济南：山东人民出版社，2007.

[33] 原研哉.设计中的设计 [M].朱锷译.济南：山东人民出版社，2006.

[34] 伊达千代.色彩设计的原理 [M].悦知文化译.北京：中信出版社，2011.

[35] 伏波，白平.产品设计，功能与结构 [M].北京：北京理工大学出版社，2008.

[36] 陆红阳.工业产品造型 [M].南宁：广西美术出版社，2007.

[37] 周立辉.动感形态与汽车造型设计 [M].北京：清华大学出版社，2012.

[38] 陈慎任，马海波.产品形态语义设计实例 [M].北京：机械工业出版社，2002.

[39] 应放天，杨颖，张艳和.造型基础——形式与语义 [M].武汉：华中科技大学出版社，2007.

[40] 徐清涛，肖娜.工业产品设计.上 [M].石家庄：河北美术出版社，2008.

[41] 黄厚石，孙海燕.设计原理 [M].南京：东南大学出版社，2005.

[42] 叶丹.形态构造 [M].武汉华中科技大学出版社，2008.

[43] 袁宣萍，薛晔，吾宵.中外设计史简编.[M].杭州：浙江大学出版社，2014.

[44] 克雷（Clay R）.设计之美 [M].尹弢译.济南：山东画报出版社，2010.

[45] 马克纳（Macnab, M）.源于自然的设计：设计中的通用形式和原理 [M].樊旺斌译.北京：机械工业出版社，2012.

[46] 沈毅.设计师谈家居色彩搭配 [M].北京.清华大学出版社，2013.

[47] 日本奥博斯科编辑部.配色设计原理 [M].暴风明译.北京：中国青年出版社，2009.

[48] ArtTone 视觉研究中心.配色设计从入门到精通 [M].北京：中国青年出版社，2012.

[49] 张宪荣，季华妹，张萱.符号学 1，文化符号学 [M].北京：北京理工大学出版社，2013.

[50] 王琥，何晓佑，李立新，夏燕靖.中国传统器具设计研究 [M].南京：江苏美术出版社，2007.

POSTSCRIPT

写在后面

　　互联网时代，表面上看，对于形态的专注似乎比以前少了一些，发达的信息交互使得速度变成了第一关键词。但无论处于何种时代，面向的是何种硬的、软的、实的、虚的物质载体，形态依然是这个世界拥有无穷变化力的最主要的表现方式，对于设计而言，尤其如此。形态的变化是无穷无尽的，但基于各种条件的限制，从中选择合情合理的形态，也有其规律。在不同的时代，形态设计时所受制的因素都有所不同。所以，针对形态设计的无限性与有限性，我萌生了写书的念头。这些书的内容都来源于日常的教学工作与设计项目的一些随想，絮絮叨叨，集成了一本小书。鉴于工作的关系与学识的有限性，对于书中不成熟的观点与笔墨，还请大家能讨论与指正。

　　本书的编写工作得到了笔者所在院校合作企业的大力支持，使得书中的设计资料更加丰沛。另外，也借此机会，向浙江省工业设计技术创新服务平台和杭州飞神工业设计有限公司所提供的素材表示感谢，并对石佳男、黄亦斐、汤起、奕子娟、徐海豪、余巧美、范宏跃、朱昱宁、李愚、钱鹏程、李玮、黄嬿蓉、陈东、管应根、陈欣、王柳青、张玲、寿烂芳、蔡蕊屹、马怡梦等朋友的帮助表示感谢。与你们一起工作，总让我能接触到许多新的想法，也使我的许多观点，永远都还"不成熟"，时时刻刻都在更新进展中。

卢纯福

2015 年 8 月 8 日